V. S. Letochow
Laserspektroskopie

Dierck-Ekkehard Liebscher
**Relativitätstheorie
mit Zirkel und Lineal**

Wolfgang Meiling
**Digitalrechner
in der elektronischen Meßtechnik**
Teil 1: Meßmethodik
Teil 2: Gerätetechnik
und Anwendungen

L. I. Miroschnitschenko
**Kosmische Strahlung
im interplanetaren Raum**

Peter Paufler
Gustav E. R. Schulze
**Physikalische Grundlagen
mechanischer Festkörpereigenschaften**
Teil I und II

Ulrich Röseberg
Quantenmechanik und Philosophie

Albrecht Rost
**Messung
dielektrischer Stoffeigenschaften**

J. V. Sačkov
Wahrscheinlichkeit und Struktur

E. M. Sawizki
Perspektiven der Metallforschung

Wolfgang Schäfer
**Theoretische Grundlagen
der Stabilität technischer Systeme**

Ernst Schmutzer
**Symmetrien und Erhaltungssätze
der Physik**

Volkmar Schurioht
Kernexplosionen für friedliche Zwecke

Norbert Sieber
Hans-Peter Leidhold
Einführung in die Datenverarbeitung

Festkörperphysik
Entwicklungstendenzen und
Anwendungsmöglichkeiten

Die Schöpfer der physikalischen Optik
Eine Artikelsammlung

Hans-Georg Schöpf
Von Kirchhoff bis Planck

Horst Melcher
**Albert Einstein wider Vorurteile
und Denkgewohnheiten**

Renate Wahsner
Mensch und Kosmos
Die copernicanische Wende

Helmut Friemel / Josef Brock
Grundlagen der Immunologie

Eberhard Hofmann
Funktionelle Biochemie des Menschen
Band 1 und 2

Lothar Jäger
**Grundlagen
der Klinischen Immunologie**

Karlheinz Lohs
Dieter Martinetz
**Entgiftung — Mittel, Methoden
und Probleme**

Joachim Nitschmann
Entwicklung bei Mensch und Tier

Stephan Schnitzler
**Pharmakologische Aspekte
von Immunreaktionen**

Dieter Spaar
Helmut Kleinhempel
Hans Joachim Müller
Klaus Naumann
Bakteriosen der Kulturpflanzen

Eberhard Teuscher
Pharmakognosie
Teil I—III

HEINRICH BREMER
KLAUS-PETER WENDLANDT
Heterogene Katalyse

PETER BIRNER
HANS-JÖRG HOFMANN
CORNELIUS WEISS
MO-theoretische Methoden
in der organischen Chemie

GÜNTER EPPERT
Einführung
in die Schnelle Flüssigchromatographie

GERHARD GEISELER / HEINZ SEIDEL
Die Wasserstoffbrückenbindung

FALKO H. HERRMANN
MARTINA CH. HERRMANN
Das Hämoglobin des Menschen

HELMUT HRAPIA
Einführung in die Chromatographie

HANS LUPPA
Grundlagen der Histochemie
Teil I und II

HASSO MEINERT
Fluorchemie

DIETER ONKEN
Antibiotika — Chemie und Anwendung

BURKART PHILIPP
GERHARD REINISCH
Grundlagen
der makromolekularen Chemie

HORST REMANE / RAINER HERZSCHUH
Massenspektrometrie
in der organischen Chemie

Vorschau
auf die nächsten Bände:

J. G. COLLEE
Angewandte
medizinische Mikrobiologie

MARTIN HEINRICH / HEINZ ULBRICHT
Mechanik der Kontinua

DIETER MICHEL
Grundlagen und Methoden
der Kernmagnetischen Resonanz

GERNOT NEUGEBAUER
Relativistische Thermodynamik

PETER PAUFLER
Phasendiagramme

ROBERT ROMPE
HANS-JÜRGEN TREDER
Grundfragen der Physik
Geschichte, Gegenwart und Zukunft
der physikalischen Grundlagen-
forschung

JOACHIM SCHUPPAN
Theorie und Meßmethoden
der Konduktometrie

JOACHIM SCHUPPAN
Anwendungen der Konduktometrie

VOLKMAR SCHURICHT
Fusionsreaktoren und Umwelt

KURT SCHWABE
pH-Messung

RAINER SINZ
Chronopsychophysiologie,
Chronobiologie und Chronomedizin

BAND 269

Karl Lanius

Physik der Elementarteilchen

Mit 37 Abbildungen und 16 Tabellen

AKADEMIE-VERLAG · BERLIN

Reihe MATHEMATIK UND PHYSIK

Herausgeber:

Prof. Dr. phil. habil. W. Holzmüller, Leipzig
Prof. Dr. phil. habil. A. Lösche, Leipzig
Prof. Dr. phil. habil. H. Reichardt, Berlin
Prof. Dr. rer. nat. habil. H.-J. Treder, Potsdam

Verfasser:

Prof. Dr. Karl Lanius

Institut für Hochenergiephysik der Akademie der Wissenschaften der DDR,
Zeuthen

ISBN 978-3-528-06866-0   ISBN 978-3-322-86078-1 (eBook)
DOI 10.1007/978-3-322-86078-1

1981
Erschienen im Akademie-Verlag,
DDR - 1080 Berlin, Leipziger Straße 3—4
Lektor: Dipl.-Phys. Ursula Heilmann
© Akademie-Verlag Berlin 1981
Lizenznummer: 202 · 100/434/81
Gesamtherstellung: VEB Druckhaus „Maxim Gorki",
7400 Altenburg
Bestellnummer: 762 823 3 (7269) · LSV 1174

DDR 12,50 M

Vorwort

Das vorliegende Taschenbuch soll weder ein Lehrbuch
für den werdenden Experten auf dem Gebiet der Hochenergiephysik noch eine Monographie für den Spezialisten
dieses Teilgebietes der Physik sein. Es ist ein Versuch,
den tiefgreifenden Wandel im Verständnis der Mikrowelt, wie er sich in der zweiten Hälfte der siebziger Jahre
vollzog, einem breiteren interessierten Leserkreis nahe-
zubringen. Die wohl wesentlichsten Impulse waren die
Entdeckung der neuen Teilchen in der Hadronenspektroskopie, der experimentelle Nachweis des neutralen Stromes in der schwachen Wechselwirkung und der Nachweis
der Substruktur der Hadronen beim Studium der tiefinelastischen Lepton-Hadron-Streuung. Durch diese Entdeckungen erhielten Modelle wie etwa das Quark-Modell
ein neues Gewicht. Von besonderer Bedeutung erwiesen
sich die Entdeckungen jedoch für das Verständnis der
fundamentalen Kräfte der Natur wie beispielsweise die
Zusammenfassung der elektromagnetischen und schwachen
Wechselwirkungen durch eine Feldtheorie.

Das vorliegende Taschenbuch ist in erster Linie für
Fachkollegen gedacht, die auf anderen Teilgebieten der
Physik, sei es in der Industrie, der Hochschule, dem
Forschungsinstitut oder der Schule, arbeiten. Aber auch
Diplomanden oder Wissenschaftler angrenzender Dis-
ziplinen können es nutzen, um sich einen Überblick über
den erreichten Stand und die Probleme der Hochenergie-
physik zu verschaffen.

Mein besonderer Dank gilt dem Kollegen Prof. Dr. U. Kundt für die vielen Hinweise und Anregungen bei der Konzeption und Abfassung des Manuskripts. Frau J. Nottrott danke ich für ihre große Hilfe bei seiner Herstellung.

August 1979

Karl Lanius

Inhaltsverzeichnis

1. Einleitung

An der Schwelle unseres Jahrhunderts hatte sich die Überzeugung von der Realität der atomaren Struktur der Materie endgültig durchgesetzt. Jeder bedeutende Fortschritt beim Studium der Mikrowelt lehrte die Physiker jedoch, um wievieles reicher die Natur selbst ist als unsere Vorstellungen von dem, was hinter der jeweiligen Grenze des bisher Erkannten liegt. Mit immer leistungsstärkeren Beschleunigern, mit Detektoren immer höherer Empfindlichkeit und damit mit Anlagen wachsenden Auflösungsvermögens gelang das Eindringen in immer tiefer liegende Schichten der Materie. Innerhalb der letzten fünf Jahrzehnte wurde auf diese Weise der erforschte Raumbereich von der Dimension des Atoms ($\sim 10^{-8}$ cm) auf etwa den zehnmillionsten Teil der Größe des Atoms ($\sim 10^{-15}$ cm) reduziert. Entsprechend wandelte sich die Antwort auf die Frage „Welche Elementarteilchen gibt es in der Natur?"

Aus den Streuversuchen von α-Teilchen folgerte RUTHERFORD 1911, daß das Atom aus einem kleinen, positiv geladenen, fast die ganze Atommasse tragenden Kern besteht, der von einem Planetensystem von Elektronen umgeben ist. Der Kern des Wasserstoffatoms wurde Proton p genannt.

Vor den Physikern stand damit die Aufgabe, die unveränderlichen charakteristischen Eigenschaften der Atome aus ihrer Kern-Elektron-Struktur zu verstehen. Die Lösung des Problems beruht auf dem Verständnis der Bedeutung des Planckschen Wirkungsquantums h im atomaren Bereich. Dieses Verständnis führte zur Quantenmechanik (BOHR, SCHRÖDINGER, HEISENBERG und DIRAC) mit ihrem charakteristischen Welle-Teilchen-Dualismus. Die experimentell beobachtbaren diskreten Quantenzustände des durch die elektrische Kraft zusammengehaltenen Kern-Elektron-Systems sind eine Folge der Welleneigenschaften der Elektronen.

Die Energiedifferenz zwischen dem Quantenzustand niedrigster Energie eines atomaren Systems — dem Grundzustand — und einem höherenergetischen Zustand desselben charakterisiert seine Stabilität. Ist die Wechselwirkungsenergie eines Teilchens oder eines Teilchensystems mit einem Atom kleiner als diese Energiedifferenz, so bleibt das Atom im Grundzustand, d. h., es verhält sich als ein elementares Teilchen. Übersteigt sie diese Energiedifferenz, so geht das Atom in einen angeregten Zustand über. Grundzustand und angeregte Zustände jedes Atoms sind eindeutig durch ihre Quantenzahlen charakterisiert. Die angeregten Zustände gehen nach einer endlichen Lebensdauer in energetisch tieferliegende Zustände über. Der Übergang erfolgt durch Emission eines Photons, das die freigesetzte Energie und den Eigendrehimpuls oder Spin Eins (gemessen in Einheiten von h) trägt.

Die Quantenmechanik des Elektron-Kern-Systems macht uns das Verhalten der Gase, der Flüssigkeiten und der festen Körper unter irdischen Bedingungen verständlich. Wir verstehen im Prinzip die chemischen und biologischen Erscheinungen im molekularen Bereich. Bis zum Beginn der dreißiger Jahre gingen daher die theoretischen Überlegungen von der Existenz zweier fundamentaler Teilchenarten aus, der Elektronen und der Protonen. Sie wurden als unveränderliche Elementarteilchen betrachtet. Daß diese Vorstellung falsch war, zeigten der experimentelle Nachweis des von der relativistischen Quantentheorie vorausgesagten Antiteilchens des Elektrons e^-, des Positrons e^+, und insbesondere die Entdeckung der Paarerzeugung von Elektron und Positron bzw. ihre gegenseitige Annihilation.

Elektronen und Positronen werden erzeugt und vernichtet. Eine Elementarität im Sinne einer Unveränderlichkeit individueller Elektronen und Positronen gibt es nicht.

Neben diesem grundlegenden Wandel in der Auffassung der Elementarität brachte die erste Hälfte der dreißiger Jahre einige weitere wichtige Erkenntnisse. Die Entdeckung des Neutrons n durch CHADWICK machte den Weg frei für das Verständnis des Aufbaus der Atomkerne aus Protonen und Neutronen.

Ein breites Spektrum neuer Phänomene wurde beim Studium der Atomkerne entdeckt. In Analogie zu den Atomen zeigen auch die Kerne ein Spektrum angeregter Kernzustände. Diese Spektren lassen sich gleichfalls mit Hilfe der Quantenmechanik beschreiben, wenn auch im Unterschied zum Atom der Kern kein Kraftzentrum besitzt. An die Stelle der Coulomb-Kraft im Atom tritt die Kernkraft mit ihrer sehr kurzen Reichweite. Im Unterschied zu den diskreten Energieniveaus der Atomzustände, deren Abstand einige eV beträgt, sind die Abstände der Energieniveaus der Kernzustände in der Größenordnung von MeV.[1]) Die Übergänge angeregter in energetisch tieferliegende Zustände erfolgt nicht nur durch die γ-Emission, sondern auch durch β-Übergänge. Solche Übergänge sind mit einer Änderung der Kernladung verbunden. Im Kern liegen dem radioaktiven Zerfall folgende Umwandlungsprozesse zugrunde:

$$n \to p + e^- + \bar{\nu}_e,$$
$$p \to n + e^+ + \nu_e. \tag{1.1}$$

[1]) In der Hochenergiephysik mißt man die Energie in Elektronenvolt (1 eV ist die Energie, die ein Elektron beim Durchfliegen eines Potentials von 1 V erhält), in Megaelektronenvolt (1 MeV $= 10^6$ eV) und in Gigaelektronenvolt (1 GeV $= 10^9$ eV). Die Massen der Teilchen mißt man in MeV/c^2, davon ausgehend, daß ein Teilchen der Ruhemasse m_0 eine Ruheenergie m_0c^2 in MeV besitzt. Da das Produkt aus der Lichtgeschwindigkeit c und dem Impuls p des Teilchens die Dimension einer Energie besitzt, mißt man den Impuls eines Teilchens in MeV/c.

Ausgehend von der Forderung der Energie-, Impuls-
und Drehimpulserhaltung im radioaktiven Zerfall folgerte PAULI die Existenz des Neutrinos ν_e. Dabei ging
es ihm um die Rettung dieser grundlegenden Erhaltungssätze der Physik. Der experimentelle Nachweis der Neutrinos gelang jedoch erst ca. 25 Jahre später COWAN und
REINES. Sie nutzten dabei den hohen Antineutrino-Fluß
eines Kernreaktors.

In den dreißiger Jahren standen zur Beschreibung der
Struktur der Materie fünf fundamentale Teilchen zur
Verfügung: Das Elektron und das Neutrino, das Photon
als das Quant des elektromagnetischen Feldes und das
Proton und Neutron als die Bausteine der Kerne. Neben
den fundamentalen Teilchen war das Vorhandensein
von vier verschiedenen fundamentalen Wechselwirkungen oder Kräften in der Natur bekannt:

— Die starke Wechselwirkung, welche die Bindung der
   Protonen und Neutronen im Kern bewirkt. Die
   Reichweite dieser Kraft beträgt nur $\approx 10^{-13}$ cm.

— Die elektromagnetische Wechselwirkung, die allen
   elektrischen und magnetischen Erscheinungen zugrunde liegt (Aufbau der Atome und Moleküle).
   Bekanntlich besitzt diese Kraft eine unendliche,
   sich mit dem Quadrat des Abstands zwischen den
   elektrischen Ladungen verringernde Reichweite.

— Die schwache Wechselwirkung; sie verursacht z. B.
   den radioaktiven Zerfall. Im Vergleich zur starken
   Wechselwirkung ist die schwache Wechselwirkung
   beim radioaktiven Zerfall um das 10^{16}fache schwächer.
   Ihre Reichweite ist um einen Faktor 100 kürzer als
   die der starken Kraft, und ihre Stärke wächst mit
   dem Anwachsen der Energie der schwach wechselwirkenden Teilchen.

— Die Gravitations-Wechselwirkung, der wegen ihrer
   Masse sämtliche Teilchen unterliegen, die aber wegen
   der sehr kleinen Massen der Teilchen im atomaren

und subatomaren Bereich im Vergleich zu den anderen Wechselwirkungen außerordentlich schwach ist.

Teilchen, zwischen denen starke Wechselwirkungen auftreten, nennt man Hadronen. Teilchen, die direkt keiner starken Wechselwirkung unterliegen, bezeichnet man als Leptonen. Das Schema der Elementarteilchen der dreißiger Jahre hatte damit folgendes Aussehen:

Leptonen	Hadronen
e^-, ν_e	p, n

Hinzu kommen die Antiteilchen, Positron e^+ und Antineutrino $\bar{\nu}_e$ bei den Leptonen und Antiproton $\bar{p}$ und Antineutron $\bar{n}$ bei den Hadronen. Letztere wurden allerdings erst in den fünfziger Jahren experimentell nachgewiesen.

Diese vier Elementarteilchen und das Lichtquant erwiesen sich als eine ausreichende Basis zur Beschreibung aller bis dahin bekannten physikalischen Phänomene des Aufbaus der Materie. Der elementare Charakter dieser Teilchen wurde nun nicht mehr im Sinne von kleinsten Bausteinen verstanden, deren Existenz unveränderlich ist. Die Teilchenzahl erwies sich in keinem der vier Wechselwirkungstypen als Erhaltungsgröße. Die klassischen Erhaltungssätze (Energie, Impuls, Drehimpuls) und die mit ihnen verbundenen raum-zeitlichen Symmetrien wurden weiterhin nicht in Frage gestellt. Die Elementarteilchen erschienen nun als bei der Wechselwirkung ineinander übergehende Träger von kleinstmöglichen Beträgen an Masse, Spin, elektrischer Ladung und anderer noch zu besprechender unanschaulicher Quantenzahlen. Auf eine neue und überraschende Art fand man später, wie die Symmetrie einer Wechselwirkung und die mögliche Existenz eines Elementarteilchens einander bedingen.

Mitte der dreißiger Jahre postulierte YUKAWA die Existenz eines Mesons, d. h. eines stark wechselwirkenden Teilchens mit einer Masse zwischen der des Elektrons

und der des Protons, als Quant des Kernfeldes. In
Analogie zum Photon, als dem Träger des elektromagnetischen Feldes, durch dessen Austausch zwischen
den Ladungsträgern die elektromagnetische Kraft vermittelt wird, sollte dieses Meson der Träger der starken
Wechselwirkung sein.

Bereits zum Ende der dreißiger Jahre wurde in der
kosmischen Strahlung ein Teilchen entdeckt, dessen
Masse der des YUKAWA-Teilchens entsprach. Das Studium
seiner Eigenschaften zeigte jedoch, daß es keiner starken
Wechselwirkung unterliegt. Dieses Teilchen entspricht
in allen seinen Eigenschaften, abgesehen von der etwa
200mal größeren Masse, dem Elektron. Man bezeichnet
dieses schwere Elektron als Muon μ. Es besitzt eine
Lebensdauer von ca. 10^{-6} s und zerfällt in ein Elektron
und Neutrinos

$$\mu^- \rightarrow e^- + \bar{\nu}_e + \nu_\mu. \tag{1.2}$$

Anfang der sechziger Jahre zeigte sich in einem Experiment an einem der großen Beschleuniger, daß diese beiden
Neutrinos verschieden sind. Darum sind sie durch ihre
Indizes voneinander unterschieden. Das ν_e ist das aus
dem β-Zerfall bekannte Neutrino, während das ν_μ stets
in Verbindung mit dem Muon auftritt.

Das YUKAWA-Teilchen, das π-Meson, fanden POWELL
und Mitarbeiter in der kosmischen Strahlung im Jahre
1947. Die zweite Hälfte der vierziger Jahre und der
Anfang der fünfziger Jahre führten darüber hinaus zur
Entdeckung zweier Gruppen neuer Teilchen mit er-
staunlichen und unerwarteten Eigenschaften. Man entdeckte stark wechselwirkende instabile Teilchen, deren
Masse die der Nukleonen übersteigt. Diese als Hyperonen
bezeichneten Teilchen zerfallen über schwache Wechselwirkungen in Protonen und π-Mesonen. Nukleonen und
Hyperonen zusammen bezeichnet man als Baryonen.
Man fand darüber hinaus schwere Mesonen, K-Mesonen,
die über schwache Wechselwirkungen in π-Mesonen zer-

fallen. Das erstaunlichste jedoch war, daß diese seltsamen Teilchen (strange particles) nur paarweise in starken Wechselwirkungen erzeugt wurden. Ein Beispiel eines typischen starken Erzeugungs- bzw. nachfolgenden schwachen Zerfallsprozesses ist die Reaktion

$$\pi^+ + n \to \Lambda + K^+$$
$$\quad\quad \downarrow \quad\quad \downarrow_{\to \mu^+ + \nu_\mu} \quad\quad (1.3)$$
$$\quad\quad \downarrow_{\to p + \pi^-}.$$

Es lag also nahe, die Wirksamkeit eines neuen Erhaltungssatzes zu vermuten. Führt man eine neue additive Quantenzahl, die Strangeness S, ein und ordnet dem Λ-Hyperon $S = -1$, dem K^+-Meson $S = +1$ und dem n, p und π jeweils $S = 0$ zu, so läßt sich der assoziierten Erzeugung der seltsamen Teilchen durch die Forderung der Strangeness-Erhaltung in starken Wechselwirkungen Rechnung tragen.

Teilchen oder Teilchenfamilien, die sich in einer neuen physikalischen Eigenschaft von bisher bekannten Teilchen unterscheiden, charakterisiert man durch eine weitere Quantenzahl. Alle subatomaren Teilchen unterscheiden sich durch ihre Quantenzahlen. Jede entspricht einer physikalischen Eigenschaft, die bei der Wechselwirkung der Teilchen miteinander erhalten bleibt. Eine solche Quantenzahl ist z. B. der Eigendrehimpuls oder Spin der Teilchen. Er ist eine meßbare Größe. Andere Quantenzahlen charakterisieren Familienähnlichkeiten unter den Teilchen und ermöglichen ihre Klassifizierung. Einige der Quantenzahlen wie etwa Ladung und Spin bleiben in allen Wechselwirkungen erhalten, während z. B. die Strangeness nur näherungsweise erhalten ist. Ihre Erhaltung ist, wie das Beispiel der betrachteten Reaktion zeigt, bei der schwachen Wechselwirkung verletzt.

Für jede Quantenzahl existiert eine Symmetrie der zugrunde liegenden dynamischen Gesetze. Diese dynamischen Gesetze waren und sind mit Ausnahme der elektro-

magnetischen Wechselwirkungen für die Elementarteilchen unbekannt. Beim Erkennen dieser Naturgesetze
erweisen sich die Erhaltungssätze oder Symmetrien als
sehr fruchtbar.

2.　　Symmetrien und Erhaltungssätze

Jedem von uns sind aus der augenfälligen Welt flächen-
hafte oder räumliche Symmetrien aus der unbelebten
Natur, unter den Lebewesen und aus der bildenden
Kunst vertraut. Um nur einige wenige Beispiele zu
erwähnen, sei an die verschiedenen radialsymmetrischen
Formen der Schneekristalle, an die räumlich symmetri-
schen Formen der Radiolarien und an die vielfältigen
Symmetrieformen in der künstlerischen Aneignung der
Umwelt z. B. in der Ornamentik erinnert.

2.1.　Symmetrien in der klassischen Mechanik

Mit dem tieferen Verständnis der Erscheinungen, die
durch die klassische Mechanik beschrieben werden, gelang
die Aufdeckung des Zusammenhangs zwischen den
Symmetrieeigenschaften von Raum und Zeit und den
Erhaltungssätzen der Mechanik.

So folgt aus der Homogenität der Zeit, daß in einem
mechanischen System von n Teilchen der Massen m_i
die Gesamtenergie durch die Summe zweier wesentlich
voneinander verschiedener Glieder gegeben ist:

$$E = \sum_{i=1}^{n} m_i \frac{v_i^2}{2} + V(r_1, r_2, \ldots). \qquad (2.1)$$

Das erste Glied — die kinetische Energie — hängt nur
von den Geschwindigkeiten v_i der Massenpunkte ab und
das zweite Glied — die potentielle Energie V — nur
von den Koordinaten r_i der Teilchen. Die Homogenität
der Zeit bewirkt, daß die Gesamtenergie erhalten bleibt

und nicht explizit von der Zeit abhängt, zu der sie bestimmt wird.

Der Impuls-Erhaltungssatz folgt aus der Homogenität des Raumes. Untersucht man eine beliebige räumliche Parallelverschiebung eines abgeschlossenen Systems von n Teilchen, so folgt aus der Homogenität des Raumes, d. h. aus der Äquivalenz aller Lagen des Systems im Raum, daß sich bei der Translation die Eigenschaften des Systems nicht ändern. Der Gesamtimpuls des abgeschlossenen Systems der n Teilchen, von denen jedes einen Impuls $p_i = m_i v_i$ besitzt, ist durch die Summe der Einzelimpulse gegeben:

$$p = \sum_{i=1}^{n} m_i v_i. \tag{2.2}$$

Die Homogenität des Raumes bewirkt, daß der Gesamtimpuls erhalten bleibt und nicht explizit von den Raumkoordinaten der Teilchen abhängt, bei denen der Impuls des Systems bestimmt wurde.

Die Erhaltung des Drehimpulses folgt aus der Isotropie des Raumes. Isotropie bedeutet, daß sich die mechanischen Eigenschaften eines abgeschlossenen Systems von n Teilchen bei einer Drehung des Gesamtsystems um eine beliebige Achse im Raume nicht ändern. Es zeigt sich, daß für diese Bewegung der Gesamtdrehimpuls des Systems

$$L = \sum_{i=1}^{n} r_i \times p_i \tag{2.3}$$

eine Erhaltungsgröße ist.

2.2. *Symmetrien in der Quantenmechanik*

Betrachten wir im folgenden, in welcher Form die Raum-Zeit-Symmetrien bzw. die damit verbundenen Erhaltungssätze in der Quantenmechanik ihren Ausdruck finden.

Das betrachtete physikalische System, etwa ein Teilchen, wird durch eine Zustandsfunktion ψ beschrieben. Sie ist im einfachsten Falle eine Funktion der Raumkoordinaten r und der Zeit t.

Für ein Teilchen der Masse m genügt $\psi(r, t)$ der zeitabhängigen Schrödinger-Gleichung

$$H\psi(r, t) = i\hbar \frac{\partial}{\partial t} \psi(r, t) \tag{2.4}$$

mit

$$H = -\frac{\hbar^2}{2m} \nabla^2 + V(r),$$

dem Hamilton-Operator. Darin sind $\hbar$ das Plancksche Wirkungsquantum geteilt durch 2π und $V(r)$ die potentielle Energie des Teilchens.

Das Resultat einer physikalischen Messung des durch die Zustandsfunktion beschriebenen Systems entspricht der Wirkung eines Operators Q auf die Zustandsfunktion ($Q\psi = q\psi$) und ergibt einen der Eigenwerte q. Der Durchschnittswert einer großen Zahl von Messungen ist durch den Erwartungswert des Operators gegeben:

$$\langle Q \rangle = \int \psi^* Q \psi \, \mathrm{d}^3r \equiv (\psi|\, Q \,|\psi). \tag{2.5}$$

Dabei bezeichnet ψ^* die zu ψ konjugierte komplexe Zustandsfunktion. Sie erfüllen die Normierungsbedingung

$$\int \psi^* \psi \, \mathrm{d}^3r = 1. \tag{2.6}$$

Betrachten wir das zeitliche Differential des Erwartungswertes:

$$\frac{\mathrm{d}\langle Q \rangle}{\mathrm{d}t} = \int \frac{\partial \psi^*}{\partial t} Q\psi \, \mathrm{d}^3r + \int \psi^* Q \frac{\partial \psi}{\partial t} \, \mathrm{d}^3r. \tag{2.7}$$

Setzt man in diese Beziehung die Schrödinger-Gleichung

$$H\psi = i\hbar \frac{\partial \psi}{\partial t} \quad \text{bzw.} \quad (H\psi^*) = -i\hbar \frac{\partial \psi^*}{\partial t}$$

ein, so erhält man

$$\frac{\mathrm{d}\langle Q\rangle}{\mathrm{d}t} = \frac{1}{i\hbar} \int \psi^*[Q, H]\, \psi\, \mathrm{d}^3r \qquad (2.8)$$

mit dem Kommutator

$$[Q, H] = QH - HQ\,. \qquad (2.9)$$

Der Impulserhaltung entspricht in der klassischen Mechanik die zeitliche Konstanz des Gesamtimpulses des Systems, d. h. $\mathrm{d}p_i/\mathrm{d}t = 0$ mit $i = x, y, z$. Wählen wir als Erwartungswerte die Impulskomponenten $\langle Q\rangle = \langle p_i\rangle$, so folgt durch Einsetzen in (2.8)

$$\frac{\mathrm{d}\langle p_i\rangle}{\mathrm{d}t} = 0, \quad \text{wenn } [p_i, H] = 0\,. \qquad (2.10)$$

Der Impuls des Systems hängt nicht explizit von der Zeit ab, und der Impulsoperator kommutiert mit dem Hamilton-Operator. Das entspricht der Impulserhaltung bzw. der Symmetrie des untersuchten Systems gegenüber einer räumlichen Verschiebung.

Die Erhaltung des Drehimpulses folgt aus der Invarianz des betrachteten Systems gegenüber einer Drehung im Ortsraum. In Analogie zum klassischen Drehimpuls definiert man in der Quantenmechanik den Drehimpuls durch

$$\boldsymbol{L} = -i\hbar\,\boldsymbol{r} \times \nabla\,. \qquad (2.11)$$

Dieser Drehimpulsoperator läßt sich in folgende drei kartesische Komponenten zerlegen:

$$L_x = -i\hbar \left(y\,\frac{\partial}{\partial z} - z\,\frac{\partial}{\partial y} \right),$$

$$L_y = -i\hbar \left(z\,\frac{\partial}{\partial x} - x\,\frac{\partial}{\partial z} \right), \qquad (2.12)$$

$$L_z = -i\hbar \left(x\,\frac{\partial}{\partial y} - y\,\frac{\partial}{\partial x} \right).$$

2*

In Zylinder- oder Polarkoordinaten ($x = r \cos \varphi$; $y = r \sin \varphi$; $z = z$) erhält man für L_z die einfache Form

$$L_z = -i\hbar \, \frac{\partial}{\partial \varphi}. \qquad (2.13)$$

Wir wollen die Wirkung einer infinitesimalen Rotation um die z-Achse auf die den Zustand des Systems beschreibende Funktion $\psi(\varphi)$ untersuchen. Die Zustandsfunktion $\psi(\varphi)$ wird durch die infinitesimale Transformation

$$U = 1 + \delta\varphi \, \frac{\partial}{\partial \varphi} \qquad (2.14)$$

in den Zustand $\psi(\varphi + \delta\varphi)$ überführt:

$$\psi(\varphi + \delta\varphi) = U\psi(\varphi). \qquad (2.15)$$

Vergleicht man (2.13) mit (2.14), so erhält man für den Transformationsoperator

$$U = 1 + \frac{i}{\hbar} \, L_z\delta\varphi. \qquad (2.16)$$

Für eine endliche Drehung um einen Winkel φ ist über die infinitesimalen Drehungen zu summieren. Als Resultat der Summation erhält man

$$U = \exp\left(\frac{i}{\hbar} \, L_z\varphi\right). \qquad (2.17)$$

Erhaltung des Drehimpulses bei der Rotation um eine Achse im Ortsraum, im betrachteten Beispiel um die z-Achse, entspricht der zeitlichen Konstanz der z-Komponente des Drehimpulses des Systems. Durch Einsetzen in (2.8) erhält man für diesen Fall

$$[L_z, H] = \frac{\partial}{\partial \varphi} \, H - H \, \frac{\partial}{\partial \varphi} = 0. \qquad (2.18)$$

Die Hamilton-Funktion ist invariant unter einer Rotation um die betrachtete Achse.

Für einen reinen Drehimpulszustand genügt die Zustandsfunktion $\psi(\varphi)$ der Eigenwertgleichung

$$L_z\psi = l_z\psi. \tag{2.19}$$

Die Operatoren L_z und H besitzen wegen (2.18) gemeinsame Eigenfunktionen, und die Eigenwerte, d. h. die Quantenzahlen bleiben erhalten.

Die Isotropie des Raumes gilt nur, falls das Potential $V(\mathbf{r})$ rotationssymmetrisch ist. Betrachten wir die Rotation um eine räumliche Achse für ein Teilchen, welches noch eine Eigenrotation oder Spin S um eine innere Achse besitzt, so gelten die vorstehenden Überlegungen nur für den Gesamtdrehimpuls

$$\boldsymbol{J} = \boldsymbol{L} + \boldsymbol{S}. \tag{2.20}$$

Am Beispiel des Drehimpulses wurde die Verknüpfung zwischen dem Operator L_z, dessen Eigenwerte erhalten werden, und dem zugehörigen Transformationsoperator U explizit angegeben [(2.16) bzw. (2.17)].

Wir haben es hierbei mit einem Spezialfall einer Transformation der Form

$$U = 1 + iQ + \frac{(iQ)^2}{2!} + \frac{(iQ)^3}{3!} + \cdots = e^{iQ} \tag{2.21}$$

zu tun, wobei die ersten beiden Glieder der Reihe der infinitesimalen Transformation entsprechen.

Offensichtlich ist die Transformation U unitär, wenn der die Transformation erzeugende Operator Q hermitesch ist.[1] Das heißt

$$U^+U = e^{-iQ^+}\, e^{iQ} = 1 \quad \text{für } Q^+ = Q. \tag{2.22}$$

---

[1] Ein hermitesch konjugierter Operator 0^+ eines Operators 0 ist durch folgende Beziehung definiert:

$$\int \psi_1{}^* 0\psi_2 \; \mathrm{d}^3r = \int (0^+\psi_1)^* \, \psi_2 \; \mathrm{d}^3r.$$

Gilt $0^+ = 0$, so bezeichnet man den Operator als hermitesch.

Unter dieser Bedingung gilt die Vertauschungsrelation nicht nur für die Vertauschung des die Transformation U erzeugenden Operators Q mit dem Hamilton-Operator H, sondern auch für die Vertauschung des unitären Transformationsoperators U mit H:

$$[U, H] = 0. \tag{2.23}$$

Das heißt, der Hamilton-Operator des betrachteten Systems ist gegenüber einer unitären Transformation U invariant. Für die Erwartungswerte des die unitäre Transformation erzeugenden hermiteschen Operators Q gilt ein Erhaltungssatz. Das heißt, zu jeder Transformation U, die H invariant läßt, existiert ein Operator Q, dessen Eigenwerte erhalten bleiben.

Am Beispiel des Drehimpulses haben wir die Invarianz von H gegenüber einer Drehung betrachtet. Die folgende Tabelle zeigt einige unitäre Transformationen, ihre erzeugenden hermiteschen Operatoren und die entsprechenden Erhaltungsgrößen:

Transformation	erzeugender Operator	Erhaltungsgröße
räumliche Translation	Impulsoperator	Impuls
zeitliche Translation	Energieoperator	Energie
Drehung im Ortsraum	Drehimpuls-operator	Bahndrehimpuls
Drehung im Isospinraum	Isospinoperator	Isospin

Als letztes Beispiel einer räumlichen Invarianz betrachten wir eine Raumspiegelung $r \rightarrow -r$ am Ursprung des gewählten Bezugssystems. Das heißt, die Komponenten (x, y, z) des betrachteten Systems sind durch $(-x, -y, -z)$ zu ersetzen. $\psi(r)$ bezeichne wieder die Zustandsfunktion.

Je nachdem, ob $\psi(r)$ bei der Raumspiegelung ihr Vorzeichen ändert — $\psi(-r) = -\psi(r)$ — oder nicht ändert — $\psi(-r) = \psi(r)$ —, besitzt die Zustandsfunktion ungerade oder gerade Parität.

Der Operator P der Paritätstransformation ist folgendermaßen definiert:

$$P\psi(r) = \psi(-r). \qquad (2.24)$$

Es läßt sich zeigen, daß P ein unitärer Transformationsoperator ist. Hat $\psi(r)$ gerade bzw. ungerade Parität, so ist

$$P\psi(r) = \pm 1\psi(r). \qquad (2.25)$$

Das heißt, $\psi(r)$ genügt einer Eigenwertgleichung und ist Eigenfunktion des Paritätsoperators mit den Eigenwerten ± 1.

Wenn der Hamilton-Operator H des betrachteten Systems invariant gegenüber der Paritätstransformation ist,

$$[P, H] = 0, \qquad (2.26)$$

so besitzen die Operatoren H und P gemeinsame Eigenfunktionen, und die Eigenwerte von P bleiben erhalten (Paritätserhaltung).

Wie im Falle des Drehimpulses ein Teilchen in einem System neben seinem Bahndrehimpuls auch einen inneren Drehimpuls oder Spin besitzen kann, so können Teilchen auch eine innere Parität besitzen. Das wurde experimentell am Beispiel des π-Mesons gezeigt. Die Paritätserhaltung gilt für die Gesamtparität eines Teilchens. Diese ist das Produkt aus seiner inneren Parität und der mit dem Bahndrehimpuls des Teilchens verbundenen Parität. Letztere ist gerade, wenn die Bahndrehimpuls-Quantenzahl L gerade ist bzw. ungerade für ungerade L-Werte. Die Parität ist eine multiplikative Quantenzahl.

Die Physiker waren bis zur Mitte der fünfziger Jahre überzeugt davon, daß die Naturgesetze so beschaffen sind, daß das Spiegelbild eines Naturprozesses auch ein möglicher Naturprozeß ist. Sie erwarteten die uneingeschränkte Gültigkeit der raum-zeitlichen Symmetrien und der mit ihnen verbundenen Erhaltungssätze der Energie, des Impulses, des Drehimpulses und der Parität für die starken, elektromagnetischen und schwachen Wechselwirkungen. Um so überraschender war es, als LEE und YANG im Jahre 1956 bei der Untersuchung des Zerfalls der K-Mesonen zu dem Schluß kamen, daß die Parität bei schwachen Wechselwirkungen nicht erhalten bleibt.

2.3. Die Ladungskonjugation

Eine weitere Symmetrieeigenschaft — die Ladungskonjugation — ist verknüpft mit einer Transformation, die die Vertauschung von Teilchen und Antiteilchen bewirkt. Der Operator der Ladungskonjugation C ist dadurch definiert, daß seine Anwendung auf die Zustandsfunktion ψ eines Teilchens alle Ladungsvorzeichen umkehrt. Dabei ist Ladung im allgemeinen Sinne, d. h. als Inbegriff sämtlicher additiver Quantenzahlen (Ladung Q, Baryonenzahl B, Leptonenzahl L, Hyperladung Y) zu verstehen. Alle anderen Größen bleiben unter der Wirkung des Operators C ungeändert.

$$C\psi(E, \boldsymbol{p}, Q, B) = \bar{\psi}(E, \boldsymbol{p}, -Q, -B),$$
$$\text{z. B. } C\,|\pi^+\rangle = |\pi^-\rangle, \tag{2.27}$$
$$C\,|\mathrm{p}\rangle = |\bar{\mathrm{p}}\rangle.$$

Offensichtlich führt die wiederholte Anwendung der C-Operation wieder zum Ausgangszustand zurück:

$$CC\psi = C\bar{\psi} = \psi,$$
$$\text{d. h. } CC = 1. \tag{2.28}$$

Wie der Paritätsoperator ist auch der Operator der Ladungskonjugation unitär und hat die Eigenwerte ± 1. Die Ladungskonjugation ist ebenfalls eine multiplikative Quantenzahl.

Ein Teilchen oder Teilchensystem, dessen Zustandsfunktion Eigenfunktion von C ist und das daher eine definierte C-Parität besitzt, ist beispielsweise das π^0-Meson:

$$C \,|\pi^0\rangle = \pm 1 \,|\pi^0\rangle. \qquad (2.29)$$

Das π^0-Meson ist sein eigenes Antiteilchen. Um das richtige Vorzeichen des Eigenwertes zu bestimmen, erinnern wir daran, daß elektromagnetische Felder durch bewegte Ladungen, d. h. durch Ströme, entstehen, die ihr Vorzeichen unter der C-Operation umkehren:

$$C \,|\gamma\rangle = -1 \,|\gamma\rangle. \qquad (2.30)$$

Ein System von n Photonen hat dann den Eigenwert $(-1)^n$. Das neutrale π^0-Meson zerfällt durch elektromagnetische Wechselwirkung:

$$\left.\begin{aligned} &\pi^0 \to 2\gamma;\\[4pt] \text{daraus folgt} \quad C \,|\pi^0\rangle &= +1 \,|\pi^0\rangle. \end{aligned}\right\} \qquad (2.31)$$

Wenn die elektromagnetische Wechselwirkung invariant gegenüber einer C-Operation ist, so muß der Zerfall $\pi^0 \to 3\gamma$ verboten sein. Experimentell wurde für das Zerfallsverhältnis

$$\frac{\pi^0 \to 3\gamma}{\pi^0 \to 2\gamma} < 5 \cdot 10^{-6} \qquad (2.32)$$

gemessen. Alle bisherigen Experimente zeigen, daß C-Erhaltung in starken und elektromagnetischen Wechselwirkungen gilt und bei schwachen Wechselwirkungen verletzt ist.

2.4. Der Isospin

Beim experimentellen Studium der Energieniveaus von leichten Spiegelkernen, d. h. Atomkernen gleicher Baryonenzahl, in denen ein Neutron durch ein Proton ersetzt ist, zeigen sich nur geringe Unterschiede in der Lage der Grundzustände und der angeregten Zustände. Beispiele von Spiegelkernen sind die Paare Li^7 und Be^7 oder C^{13} und N^{13}. Die Ähnlichkeiten der Spektren lassen sich durch die Annahme erklären, daß die Kernkraft zwischen zwei Neutronen die gleiche ist wie die zwischen zwei Protonen. Die elektromagnetische Wechselwirkung führt zu den beobachteten geringen Abweichungen. Die Termschemas der Spiegelkerne deuten auf eine Ladungssymmetrie der Kernkräfte.

Durch experimentelle Untersuchungen der Proton-Proton- und der Proton-Neutron-Streuung bei gleichen Spins und Bahndrehimpulsen der Teilchenpaare wurde ermittelt, daß auch die Kernkraft zwischen p und n mit der p-p- bzw. n-n-Kraft übereinstimmt. Die Kernkraft, d. h. die starke Wechselwirkung zweier Nukleonen, erweist sich als ladungsunabhängig.

Es liegt also nahe, Proton und Neutron als zwei Ladungszustände eines Teilchens, des Nukleons, zu betrachten.

Die formale Beschreibung der Ladungsunabhängigkeit der starken Wechselwirkung erfolgte in Anlehnung an den Spinformalismus, wie er im vorhergehenden Abschnitt angedeutet wurde. An die Stelle des Spinoperators S, der auf die Zustandsfunktion im Ortsraum wirkt, tritt ein Isospinoperator I, der jedoch in einem fiktiven Isospin-Raum wirkt. Eine solche Analogie ist gerechtfertigt, da alle experimentellen Untersuchungen zeigen, daß das Pauli-Prinzip auf den Isospin auszudehnen ist.

Die Drehimpulserhaltung folgt aus der Invarianz gegenüber einer Drehung im Ortsraum. Die Isospinerhaltung folgt aus der Invarianz gegenüber einer Rotation im fiktiven Isospin-Raum.

Proton und Neutron werden in Analogie zum Spinformalismus des Elektrons als zwei Isospin-Zustände des Nukleons betrachtet. Für das Nukleonen-Dublett besitzt der Isospin den Eigenwert $I = 1/2$ mit den dritten Komponenten $I_3 = +1/2$ (Proton) und $I_3 = -1/2$ (Neutron). In Analogie zum Spinformalismus des Elektrons wählt man üblicherweise für die Isospin-Operatoren eine Matrizendarstellung

$$I_1 = 1/2\tau_1; \quad I_2 = 1/2\tau_2 \quad \text{und} \quad I_3 = 1/2\tau_3 \quad (2.33)$$

mit den Paulischen Spinmatrizen

$$\tau_1 = \begin{pmatrix} 0 & 1 \\ 1 & 0 \end{pmatrix}; \quad \tau_2 = \begin{pmatrix} 0 & -i \\ i & 0 \end{pmatrix}; \quad \tau_3 = \begin{pmatrix} 1 & 0 \\ 0 & -1 \end{pmatrix}. \quad (2.34)$$

Wählt man für die Isospin-Zustandsfunktionen des Nukleons die Darstellung

$$\eta_p = \begin{pmatrix} 1 \\ 0 \end{pmatrix} \quad \text{und} \quad \eta_n = \begin{pmatrix} 0 \\ 1 \end{pmatrix}, \quad (2.35)$$

so läßt sich mit (2.33) bzw. (2.34) die Gültigkeit folgender Eigenwertgleichungen zeigen:

$$\begin{aligned} I_3\eta_p &= 1/2\eta_p, \\ I_3\eta_n &= -1/2\eta_n. \end{aligned} \quad (2.36)$$

Bildet man einen Ladungsoperator $Q = (I_3 + 1/2)$, so führt seine Anwendung auf die Isospin-Eigenfunktionen zu den Eigenwertgleichungen

$$\begin{aligned} Q\eta_p &= 1 \cdot \eta_p, \\ Q\eta_n &= 0 \cdot \eta_n, \end{aligned} \quad (2.37)$$

d. h. auf die richtigen Ladungszustände als Eigenwerte.

Die Drehung um einen infinitesimalen bzw. einen endlichen Drehwinkel um die dritte Achse im Isospinraum läßt sich analog zu (2.16) und (2.17) darstellen:

$$U = 1 + \frac{i}{2}\,\tau_3\theta_3 \quad \text{bzw.}$$

$$U = \exp\left(\frac{i}{2}\,\tau_3\theta_3\right). \quad (2.38)$$

Dabei sind die θ_3 reelle Parameter. Man erkennt unmittelbar die Unitarität dieser Transformation ($U^+ U = 1$).

Eine weitere bemerkenswerte Eigenschaft der unitären Transformationsoperatoren ist Det $U = 1$, denn für

$$U(\theta_j) = \exp\left(\frac{i}{2} \sum_{j=1}^{3} \tau_j \theta_j\right)$$

ist (2.39)

$$\text{Det } U = \exp\left(\frac{i}{2}\, \theta_j\, \text{Sp } \tau_j\right) = 1,$$

da die Spur der Paulischen Spinmatrizen Sp $\tau_i = 0$ ist. Wegen der Eigenschaft Det $U = 1$ bezeichnet man die unitären Transformationen U als unimodulare Transformationen.

Transformationen, die sich durch eine Gruppe unitärer, unimodularer 2×2-Matrizen darstellen lassen, bezeichnet man als $SU(2)$-Gruppe. Der Rang der $SU(2)$-Gruppe ist Eins. Dem entspricht eine additive Quantenzahl, die dritte Komponente des Isospins I_3.

Das Verhalten von τ_3 bzw. I_3 gegenüber der $SU(2)$-Gruppe läßt sich durch Berechnung von $[\tau_3, U]$ (unter Verwendung der infinitesimalen Darstellung in (2.38)) leicht überprüfen:

$$[\tau_3, U] = [I_3, U] = 0. \qquad (2.40)$$

Gleiches gilt auch für die anderen beiden Komponenten des Isospins, also

$$[I, U] = 0. \qquad (2.41)$$

Auch der Hamilton-Operator für ein System von 2 Nukleonen erweist sich als invariant gegenüber einer Drehung im Isospin-Raum, wenn die Kernkräfte ladungsunabhängig sind. Da I_3 bzw. I die erzeugenden Operatoren von U sind, so gilt auch

$$[I_3, H] = 0 \quad \text{und} \quad [I, H] = 0. \qquad (2.42)$$

Für ladungsunabhängige starke Wechselwirkungen zweier Nukleonen gilt Isospinerhaltung. Da aber die beiden Nukleonenzustände infolge ihrer elektrischen Ladung und ihres magnetischen Moments eine elektromagnetische Selbstwechselwirkung eingehen, so ist die Isospinsymmetrie gebrochen. Die Symmetriebrechung hebt die Entartung des Nukleonen-Dubletts auf und führt zu einer Massenaufspaltung der Nukleonen.

Berücksichtigt man die elektromagnetische Wechselwirkung im Hamilton-Operator, so gilt nur noch

$$[I_3, H] = 0.$$

Erhalten bleibt in elektromagnetischen Wechselwirkungen nicht mehr der Isospin, sondern nur noch seine dritte Komponente, d. h. die elektrische Ladung.

Alle stark wechselwirkenden Teilchen, d. h. alle Hadronen lassen sich in Familien — Multipletts — gleichen Isospins einordnen. Wie bereits in der Einleitung erwähnt, existiert das π-Meson in drei Ladungszuständen. Daraus folgt $I_\pi = 1$ mit $I_3 = +1$, $I_3 = 0$ und $I_3 = -1$ für das π^+-, das π^0- und das π^--Meson.

In (1.3) wurden zwei seltsame Teilchen, das Λ-Hyperon und das K-Meson, erwähnt. Da das Λ-Hyperon nur in einem Ladungszustand auftritt, ist $I_\Lambda = 0$. Dem K-Meson ordnet man einen halbzahligen Isospin zu.

Betrachten wir den schwachen Zerfallsprozeß (1.3) des Λ-Hyperons in bezug auf die Isospinzustände:

$$\Lambda \to p + \pi^-,$$
$$I = 0 \quad 1/2 \quad 1.$$

Das heißt, in schwachen Wechselwirkungen ist I nicht erhalten.

In Tabelle 2.1 sind die Baryonenzahl B ($B = +1$ für alle Baryonen bzw. $B = -1$ für alle Antibaryonen und $B = 0$ für alle Mesonen), die Strangeness S und der Isospin I bzw. I_3 zusammengefaßt, die allen bis zur Mitte der siebziger Jahre bekannten Hadronen zugeordnet werden, welche über schwache oder elektromagnetische Wechselwirkungen zerfallen.

Wie die Tabelle zeigt, besteht zwischen den drei Quantenzahlen B, I, S und der elektrischen Ladung Q der Hadronen (ausgedrückt in Einheiten der Elementarladung) folgender Zusammenhang:

$$Q = I_3 + \frac{B + S}{2} \tag{2.43}$$

(GELL-MANN, NISHIJIMA-Formel).

Die Summe aus der Baryonenzahl und der Strangeness eines Hyperons bezeichnet man als Hyperladung Y:

$$Y = B + S. \tag{2.44}$$

Tabelle 2.1

B	S	I	$I_3 = -1$	$-1/2$	0	$+1/2$	$+1$
1	0	1/2			n	p	
1	-1	0			Λ		
1	-1	1	Σ^-		Σ^0		Σ^+
1	-2	1/2		Ξ^-		Ξ^0	
1	-3	0			Ω^-		
0	0	1	π^-		π^0		π^+
0	$+1$	1/2		K^0		K^+	
0	-1	1/2		K^-		$\overline{K}^0$	
0	0	0			η		

3.   Experimentelle Methoden

Die Genauigkeit, mit der die räumlichen Koordinaten eines Teilchens des Impulses p im subatomaren Bereich bestimmt werden können, ist durch die zugehörige de Broglie-Wellenlänge $\lambda = h/p$ gegeben. Um beispielsweise durch Elektronen-Streuexperimente in die Struktur des Nukleons, d. h. in Bereiche $< 10^{-13}$ cm einzudringen, braucht man Elektronen mit Energien $> 1{,}2$ GeV.

Auch die Erzeugung der Vielfalt neuer Teilchen bzw. ihrer Antiteilchen erfordert wegen der Einsteinschen Energie-Masse-Äquivalenz $E = mc^2$ gegenüber der Kernphysik sehr viel höhere Energien. Um beispielsweise im Proton-Proton-Stoß ein zusätzliches Proton-Antiproton-Paar zu erzeugen,

$$p + p \to p + p + p + \bar{p},$$

benötigt man im Schwerpunktsystem eine Gesamtenergie von $E' \gtrsim 3,8$ GeV. Dem entspricht im Laborsystem eine Gesamtenergie des beschleunigten Protons von $E \gtrsim 6,5$ GeV.

Am Beginn der Hochenergiephysik war die einzige Quelle hochenergetischer Teilchen die kosmische Strahlung. Der größte Teil der in den beiden ersten Kapiteln erwähnten Teilchen wurde in der kosmischen Strahlung in den dreißiger und vierziger Jahren entdeckt.

3.1. Beschleuniger

Heute werden die experimentellen Forschungen auf dem Gebiet der Elementarteilchenphysik nahezu ausschließlich mit Hilfe zyklischer Beschleuniger — Synchrotrons — durchgeführt.

Die zu beschleunigenden geladenen Teilchen — in der Regel Protonen oder Elektronen — werden aus einem Vorbeschleuniger in einen Ringbeschleuniger gebracht. Durch ein magnetisches Führungsfeld senkrecht zur Bewegungsrichtung der Teilchen werden sie auf einer geschlossenen Kreisbahn gehalten. Ein hochfrequentes elektrisches Feld führt ihnen bei jedem Umlauf Energie zu, wobei zwischen der Umlauffrequenz der Teilchen und der Beschleunigerfrequenz eine entsprechende Phasenbeziehung besteht. Die Stärke des magnetischen Führungsfeldes wächst mit dem Anstieg der Teilchenenergie, um den Radius der Teilchenbahn konstant zu halten. Eine zweite Aufgabe des Magnetfeldes ist die Fokussierung des Teilchenstrahlbündels so, daß sein Querschnitt wenige cm² nicht übersteigt.

Erfüllt die Energie E des sich auf einer Kreisbahn bewegenden Teilchens der Ruheenergie $m_0 c^2$ die Bedingung $E \gg m_0 c^2$, so wird tangential zur Bahn eine in der Bahnebene polarisierte elektromagnetische Strahlung emittiert. Wegen der großen Ruhemasse $m_p = 938$ MeV/c^2 des Protons ist diese Synchrotronstrahlung in Protonen-Synchrotrons vernachlässigbar. An Elektronen-Synchrotrons wird das sehr intensive, kontinuierliche Spektrum der Synchrotronstrahlung als Lichtquelle für viele Untersuchungen der Atom-, Molekül- und Festkörperphysik genutzt.

Synchrotrons arbeiten mit festen Targets, auf die die beschleunigten Teilchen geschossen werden. In den ablaufenden Stoßprozessen bzw. in nachfolgenden Zer-

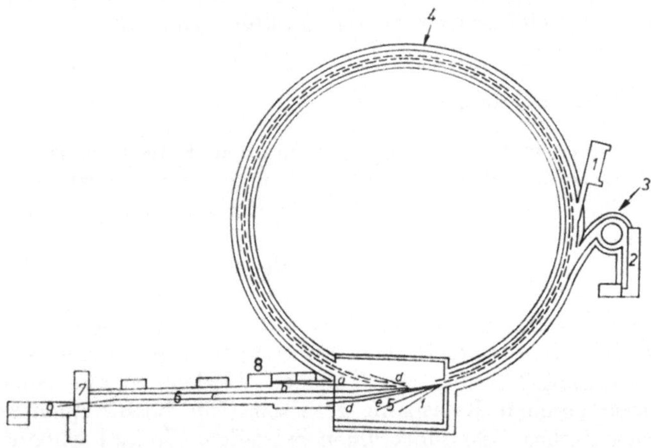

Abb. 1.　Schema des 70 GeV-Protonensynchrotrons des Instituts für Hochenergiephysik in Serpuchov. 1, 2 und 3 — das Vorbeschleunigungssystem, bestehend aus den Linearbeschleunigern und dem Kreisbeschleuniger (Booster); 4 — der Beschleunigerring; 5 und 6 — die Experimentierhalle und die Galerie; 7 — eine schwere Flüssigkeitsblasenkammer im Neutrinostrahl; 8 und 9 — zwei Wasserstoffblasenkammern; a—f — Teilchenstrahlen.

fallsprozessen entsteht ein breites Spektrum unterschiedlicher Teilchen. Damit ist die Möglichkeit zur Formierung sekundärer Strahlung von $\pi^{\pm}$-Mesonen, $K^{\pm}$-Mesonen, Muonen, Neutrinos usw. gegeben (s. Abb. 1

Abb. 2. Blick in den Ringtunnel des 70 GeV-Protonensynchrotrons in Serpuchov (Photo Dubna).

und 2). Der Nachteil der Festtarget-Beschleuniger ist, daß die im Schwerpunktsystem zur Verfügung stehende Gesamtenergie bei relativistischen Teilchen nur noch mit der Wurzel aus der Energie des beschleunigten Teilchens anwächst.

Eine höhere Energie erreicht man durch Experimentieren im Schwerpunktsystem selbst, d. h. durch Aufeinanderschießen gegenläufig beschleunigter Teilchenstrahlen. Dieses Prinzip ist in den Speicherring-Anlagen realisiert. Für Protonen-Speicherringe benötigt man zwei getrennte Speicherringe mit mehreren Kreuzungsbereichen, in denen die Teilchenstrahlen unter kleinem Winkel aufeinandertreffen. In einem Elektron-Positron-Speicherring kann man wegen der Ungleichheit der Ladungsvorzeichen den gleichen Ring zur Beschleunigung beider Strahlen nutzen.

Die Tabelle 3.1 vermittelt einen Überblick der größten Beschleuniger, die in unserer Zeit in der Hochenergiephysik genutzt werden bzw. sich in der Konstruktion oder im Bau befinden.

Tabelle 3.1

Beschleunigertyp	Institut	Beginn der Experimente	maximale Energie in GeV*)	Ring-Durchmesser in km
Protonen-Synchrotron	IFWE, Serpuchow/ UdSSR	1967	76	0,47
	NAL, Batavia/USA	1973	500	2,0
	CERN, Genf/Schweiz	1977	400	2,20
	NAL, Batavia/USA	≈1982	1000	2,0**)
	IFWE, Serpuchow/ UdSSR	≈1988	3000	6,37**)
Proton-Proton-Speicherring	CERN, Genf/Schweiz	1971	$2 \cdot 28$	0,15
	BNL, Brookhaven/ USA	≈1985	$2 \cdot 400$	1,20**)
Elektron-Positron-Speicherring	VEPP-4, Novosibirsk/UdSSR	1980	$2 \cdot 7$	0,12
	PETRA, Hamburg/BRD	1979	$2 \cdot 19$	0,77
	PEP, Stanford/USA	1980	$2 \cdot 18$	0,70

*) Bei den Festtargetmaschinen ist die maximale Energie der beschleunigten Teilchen im Laborsystem angegeben, bei den Speicherringen die maximale Energie im Schwerpunktsystem.

**) Unter Verwendung supraleitender Magneten.

An den in der Tabelle 3.1 aufgeführten Protonensynchrotrons des CERN, Genf, und des NAL, Batavia, befinden sich zusätzliche Beschleunigungsanlagen im Bau, die auch die Nutzung des Protonenringes zur gegenläufigen Beschleunigung von Antiprotonen gestatten. Die ersten Experimente sind zu Beginn der achtziger Jahre geplant. Die maximal im Schwerpunktsystem nutzbare Energie wird etwa 500 GeV betragen.

3.2. Wechselwirkung der Teilchen mit Materie

Die in der Hochenergiephysik verwendeten Detektoren zum Nachweis von Prozessen und Teilchen beruhen auf der Wechselwirkung von geladenen Teilchen und Photonen mit Materie. Der Impuls p eines geladenen Teilchens ist meßbar aus dem Verlauf seiner Flugbahn (Kreisbahn) in einem Magnetfeld. Durch eine separate Messung der Geschwindigkeit $v = \beta \cdot c$ läßt sich die Ruhemasse m_0 des Teilchens bestimmen.

Durchläuft ein energetisches geladenes Teilchen eine Materialschicht, so werden die Atome bzw. Moleküle längs der Flugbahn des Teilchens durch elektromagnetische Wechselwirkungen angeregt oder ionisiert. Dabei können die übertragenen Energien so groß werden, daß die freigesetzten Elektronen ihrerseits weitere Atome ionisieren.

Die primäre spezifische Ionisation dE/dx eines Teilchens der Ladung z und der Geschwindigkeit v beim Durchlaufen einer Materialschicht dx hängt in folgender Form von den Eigenschaften des Teilchens ab:

$$\frac{dE}{dx} = z^2 f(v).$$ (3.1)

Die spezifische Ionisation ist unabhängig von der Masse des Teilchens. Sie nimmt mit wachsender Geschwindigkeit zunächst mit $1/v^2$ ab, durchläuft bei Werten des Lorentz-Faktors $\gamma = E/m_0 c^2 = (1 - \beta^2)^{-1/2}$ um $\gamma \approx 2$ ein

Minimum und steigt mit Anwachsen von γ langsam wieder an (s. Abb. 3).

Durchfliegt ein geladenes Teilchen ein durchsichtiges Medium (Brechungsindex n), so emittiert es eine charakteristische elektromagnetische Strahlung — die Čerenkov-Strahlung —, wenn seine Geschwindigkeit v größer ist als c/n. Sie entsteht durch einen Polarisationseffekt an den Coulomb-Feldern der Atomkerne. Die

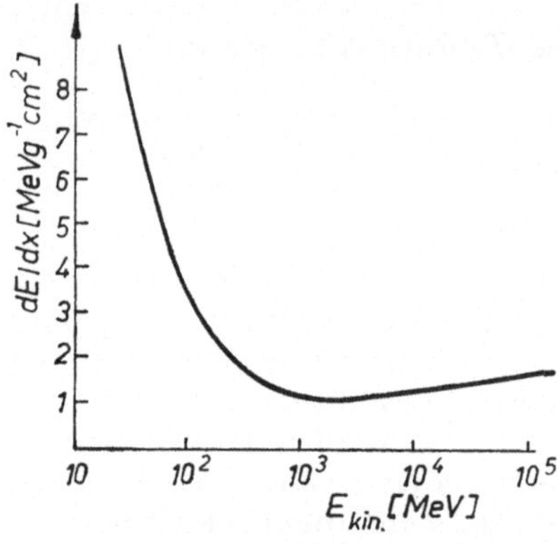

Abb. 3. Der Energieverlust von Protonen durch Ionisation als Funktion der kinetischen Energie in Blei.

Wellenfront der Čerenkov-Strahlung bildet die Oberfläche eines Kegels, dessen Achse mit der Flugbahn des Teilchens und dessen Spitze mit der momentanen Teilchenlage zusammenfällt. Die Richtung der Normalen auf der Wellenfront schließt mit der Flugbahn einen Winkel θ ein:

$$\cos \theta = \frac{c}{n \cdot v} = \frac{1}{\beta n} \qquad \text{für} \qquad \beta > \frac{1}{n}. \qquad (3.2)$$

Der Energieverlust durch Čerenkov-Strahlung pro Längeneinheit ist sehr klein, verglichen mit dem Energieverlust durch Ionisation. Čerenkov-Strahlung mit

Wellenlängen im Bereich der Röntgenstrahlen tritt nicht auf, da wir dafür keine Materialien kennen, die die Čerenkov-Bedingung (3.2) erfüllen.

Wie erstmals durch GARIBIAN im Jahre 1971 gezeigt, tritt eine Röntgen-Übergangsstrahlung auf beim Durchgang hochenergetischer geladener Teilchen durch aufeinanderfolgende Oberflächen von Materialschichten in Gas oder Vakuum. Ursache dieser Röntgenstrahlung ist die Änderung der Polarisation der Elektronen beim Eintritt der schnellen Teilchen in die bzw. beim Austritt aus der Materialschicht durch das elektrische Feld des durchfliegenden Teilchens. Die entstehenden beiden Wellenfronten der Röntgenstrahlung lassen sich in Phase bringen, wenn die Dicke der Schicht, ihr Brechungsindex ($n < 1$), der Emissionswinkel der Wellenfront und die Geschwindigkeit des Teilchens eine entsprechende Relation erfüllen.

Beim Durchgang hochenergetischer γ-Quanten durch Materie erfolgt der Energieverlust durch **drei Prozesse**:

— Den Photoeffekt, d. h. das Herausstoßen gebundener Atomelektronen durch die γ-Quanten der Energie $E = h\nu$;
— den Compton-Effekt, d. h. die Streuung der Photonen an den bei hohen Energien der γ-Quanten quasi als frei zu betrachtenden Elektronen;
— die Paarerzeugung eines Elektron-Positron-Paares im elektromagnetischen Feld eines Atomkerns oder der Elektronen der Atomhülle.

Durchläuft ein γ-Strahl der Intensität I eine Materialschicht der Dicke $\mathrm{d}x$, so ist die Intensitätsabnahme

$$\mathrm{d}I = -\mu I \,\mathrm{d}x. \tag{3.3}$$

Darin ist μ der lineare Absorptionskoeffizient, gemessen in cm^{-1}. Durch Integration von (3.3) erhält man:

$$I = I_0 \exp(-\mu x). \tag{3.4}$$

Ist N die Zahl der Atome pro cm^3 und ϱ die Dichte der absorbierenden Materieschicht, so ist der Wirkungsquerschnitt der Reaktion durch folgende Beziehung gegeben:

$$\sigma = \frac{\mu}{N} = \frac{\varrho \cdot \tau}{N} \ [\text{cm}^2]. \tag{3.5}$$

$\tau = \mu/\varrho$ ist der Massen-Absorptionskoeffizient, gemessen in $\text{g}^{-1}\,\text{cm}^2$. Der charakteristische Verlauf des Massen-Absorptionskoeffizienten und damit des Wirkungsquerschnittes als Funktion der Energie der Photonen ist in Abb. 4 skizziert.

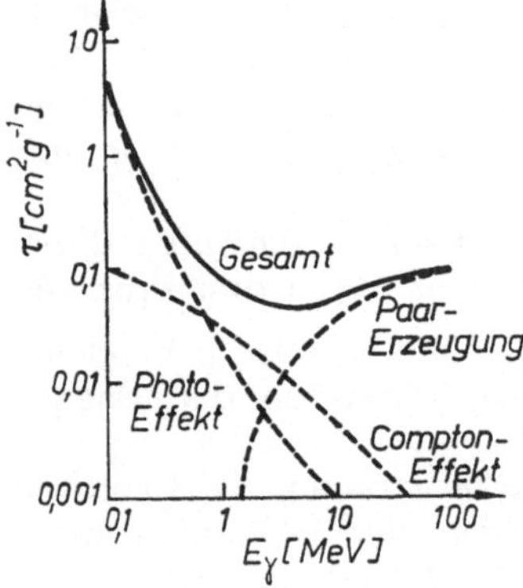

Abb. 4.   Der Absorptionskoeffizient pro [g · cm⁻²] Blei als Funktion der Energie der Photonen.

Der Prozeß der e^+e^--Paarerzeugung durch ein hochenergetisches Photon im elektromagnetischen Feld ist eng verbunden mit dem Prozeß der Bremsstrahlung. Für Elektronen und Positronen mit Energien oberhalb einiger MeV überwiegt dieser Strahlungsverlust im elektromagnetischen Feld der Kerne den Energieverlust durch Ionisation. Für große Energien läßt sich der Energieverlust durch Ionisation vernachlässigen.

Die mittlere Energie $\langle E \rangle$ eines Elektrons der Anfangsenergie E_0 nach Durchlaufen einer Materialschicht der

Dicke x ist durch

$$\langle E \rangle = E_0 \exp\left(-\frac{x}{L_r}\right) \tag{3.6}$$

gegeben. Der Weg L_r, nach dem sich die mittlere Energie des Elektrons durch Bremsstrahlung gegenüber der Anfangsenergie um den Faktor $1/e$ verringert hat, bezeichnet man als Strahlungslänge. Sie beträgt beispielsweise in Blei 0,56 cm gegenüber 890 cm in Wasserstoff. Die Bremsstrahlungsquanten werden im Laborsystem unter einem mittleren Winkel $\langle \theta \rangle = 1/\gamma$ emittiert.

Das Zusammenwirken von Paarerzeugung und Bremsstrahlung führt zur Entwicklung von Elektronen-Photonen-Schauern. Ein hochenergetisches Photon wird in ein e^+e^--Paar umgewandelt. Das Positron und das Elektron emittieren Bremsstrahlungs-Photonen, die ihrerseits wieder zu weiteren e^+e^--Paaren führen usw. Wenn die Ionisationsverluste überwiegen, beginnt eine rückläufige Schauerentwicklung.

Zur Herausbildung von Schauern **kann** es auch bei stark wechselwirkenden Hadronen kommen. Ein sehr hochenergetisches Hadron der Energie E_0 erzeugt im Stoß mit einem Nukleon sekundäre Hadronen. Ihre mittlere Anzahl $\langle n_s \rangle$ wächst mit $\ln E_0$. Die Sekundärteilchen ihrerseits wechselwirken mit weiteren Nukleonen usw. Der Schauer endet, wenn die Energie der Sekundärteilchen nicht mehr zur Erzeugung weiterer Hadronen in Kernstößen ausreicht.

3.3. *Detektoren*

An allen Festtarget-Synchrotrons sind optische Spurkammern seit etwa zwei Jahrzehnten zum Nachweis von Reaktionen und Einzelteilchen im Einsatz. Sie arbeiten in einem homogenen Magnetfeld und gestatten in der Regel die Identifizierung aller im gesamten Raumwinkelbereich (4π-Geometrie) im Stoßprozeß erzeugten geladenen Sekundärteilchen.

Optische Spurkammern sind energetisch instabile Systeme, in denen es durch die Zufuhr einer kleinen Energie — die Ionisation durch die durchfliegenden Teilchen — zur Auslösung größerer Energien kommt.

In der Blasenkammer befindet sich als instabiles System eine überhitzte Flüssigkeit. Der Siedevorgang setzt längs der Flugbahn eines ionisierenden Teilchens ein. Der überhitzte Zustand der Flüssigkeit wird durch eine mechanische Druckverringerung mittels eines mechanischen Expansionssystems in der Kammer erreicht. Nach einigen zehn Millisekunden wird der Gleichgewichtszustand durch Druckerhöhung wieder hergestellt. Der Zeitraum, in dem die Kammer empfindlich ist, muß mit dem Teilchendurchgang synchronisiert werden. Die Zeit für einen Blasenkammerzyklus beträgt ≈ 1 s. Die Blasenspuren werden mit Blitzlampen beleuchtet und stereoskopisch fotografiert. Abb. 5 zeigt eine Fotografie der großen Wasserstoffblasenkammer MIRABELLE (12 m³ Volumen), die an einem separierten Teilchenstrahl des 76 GeV-Protonen-Synchrotrons in Serpuchov installiert ist. Als Beispiel einer typischen Blasenkammeraufnahme ist in Abb. 6 das Bild einer Reaktion

$$K^-p \rightarrow p + K^- + 3\pi^+ + 3\pi^- \qquad (3.7)$$

in MIRABELLE gezeigt, die durch ein K^--Meson einer Energie von 32 GeV ausgelöst wurde.

Das detaillierte Studium solcher Prozesse erfordert die Vermessung von größenordnungsmäßig hunderttausend Ereignissen. Das führte zur Entwicklung eines hohen Automatisierungsgrades bei der Bearbeitung von Spurkammeraufnahmen.

Blasenkammern lassen sich nicht durch die zu untersuchenden Prozesse auslösen, da die Flüssigkeit vor dem Teilchendurchgang durch Kolbenhub überhitzt

Abb. 5. Die 12 m³ große Wasserstoffblasenkammer MIRABELLE, die in einem separierten Teilchenstrahl des Instituts für Hochenergiephysik in Serpuchov steht (Photo Dubna).

Abb. 6. Die Fotografie eines Wechselwirkungsprozesses $K^-p \to p + K^- + 3\pi^+ + 3\pi^-$ in der Wasserstoffblasenkammer MIRABELLE, die durch K^--Mesonen einer Energie von 32 GeV verursacht wurde.

werden muß. Dieser Nachteil wird durch die Streamerkammern überwunden.

Zwischen zwei plattenförmigen Elektroden in einem Edelgasgemisch wird wenige Mikrosekunden nach dem Durchgang eines geladenen Teilchens ein Hochspannungsimpuls von etwa 10 ns Dauer (1 ns $= 10^{-9}$ s) und einer Feldstärke von etwa 20 KV/cm angelegt. In Feldrichtung entwickeln sich dann Elektronenlawinen aus den durch die Ionisation freigesetzten Elektronen längs der Teilchenspur. Die Länge jeder Lawine — jedes Streamers — beträgt nur wenige Millimeter wegen der Kürze des angelegten Hochspannungsimpulses. Führt man die Elektroden aus feinmaschigen Gittern aus, so kann man die Streamerspuren stereoskopisch fotografieren. Wegen der geringen Lichtstärke der Streamer arbeiten die Fotoregistratoren mit elektronenoptischen Bildverstärkern.

Als Beispiel ist in Abb. 7 eine Teilansicht des in Serpuchov in einem Strahl negativ geladener Teilchen (π^-, K^-, $\bar{p}$) installierten Streamerkammer-Spektrometers RISK gezeigt. Die beiden Streamerkammern der Anlage mit einem Aufzeichnungsvolumen von insgesamt 3,2 m^3 arbeiten in einem homogenen Magnetfeld. Die Photoregistratoren und der Hochspannungsimpuls werden durch ein dem jeweiligen Experiment angepaßtes System von Zählern getriggert.

Sehr häufig in Detektorsystemen der Hochenergiephysik genutzte Zähler sind die Szintillationszähler. Durchläuft ein geladenes Teilchen einen Szintillator, beispielsweise Polystyrol mit Terphenylzusatz, so entsteht Fluoreszenz-Licht. Da die Photonenausbeute nur gering ist, wird das Licht über geeignete Lichtleiter auf die Photokathode eines Sekundärelektronen-Vervielfachers (SEV) geleitet. Diese haben Verstärkungsfaktoren bis zu 10^9, d. h., für jedes an der Photokathode herausgelöste Photoelektron entstehen am Ausgang des SEV bis zu 10^9 Elektronen. Szintillationszähler besitzen ein hohes zeitliches Auflösungsvermögen, das bis zu

Abb. 7. Teile eines großen Streamerkammer-Spektrometers vor der Installation im Teilchenstrahl (Photo Dubna).

einigen Nanosekunden reicht. Es lassen sich daher hohe Zählraten verarbeiten. Das räumliche Auflösungsvermögen ist ungünstig, da es durch die Abmessungen des Szintillators gegeben ist.

Die Zahl der durch ein hochenergetisches geladenes Teilchen pro Längeneinheit in einem transparenten Medium erzeugten Photonen durch Čerenkov-Strahlung liegt noch eine Größenordnung unter der Photonenausbeute durch Fluoreszenz. Čerenkov-Zähler benötigen daher einen hohen Wirkungsgrad in der Sammlung des Čerenkov-Lichtes und SEV's zu seiner Verstärkung. Jeder Čerenkov-Zähler besteht aus einem Radiator mit $n > 1$, einem das Licht fokussierenden System und einem oder mehreren SEV's. Sein zeitliches Auflösungsvermögen liegt in der Größenordnung von ns.

Spricht der Čerenkov-Zähler nur auf Teilchen an, die eine Geschwindigkeit $v > c/n$ besitzen, so bezeichnet man ihn als Schwellen-Zähler. Spricht der Zähler nur auf Teilchen an, deren Čerenkov-Strahlung in einem Intervall $\Delta\theta$ um θ (siehe (3.2)) emittiert wird, bezeichnet man ihn als differentiellen Čerenkov-Zähler. Ein dritter Typ sind Čerenkov-Zähler, die die gesamte Energie eines Elektron-Photon-Schauers zu messen gestatten. Dazu verwendet man Bleiglasblöcke, deren Abmessungen mehrere Strahlungslängen betragen. Die Intensität des Čerenkov-Lichtes ist der Energie des den Schauer auslösenden Teilchens proportional.

Zur Erzielung einer relativ hohen Genauigkeit in der räumlichen Lokalisierung der Flugbahn geladener Teilchen wurden Proportional- und Drift-Kammern entwickelt. Wie in Abb. 8 skizziert, besteht eine Proportionalkammer aus Ebenen von parallelen Anoden-Drähten zwischen metallischen Kathodenflächen. Bei großen Proportionalkammern (einige m^2) beträgt der Abstand der etwa 50 μm dicken Drähte $\approx$ 2mm, bei kleinen Proportionalkammern (z. B. 20 $\times$ 20 cm^2) läßt sich der Abstand bis auf 0,5 mm erniedrigen. Das Füllglas zwischen den Elektroden ist in der Regel eine

Argon-Alkohol-Mischung bei Atmosphärendruck. Die anliegende Spannung beträgt etwa 2000 V. Durchläuft ein geladenes Teilchen eine Kammer, so driften die erzeugten Elektronen in Richtung auf die Anodendrähte. In unmittelbarer Nähe des nächstgelegenen Drahtes entwickelt sich wegen des starken Feldgradienten eine Elektronenlawine. Jeder Draht ist mit einem eigenen Impulsverstärker versehen.

Eine noch höhere Genauigkeit in der Lokalisierung einer Teilchenspur (bis zu 50 μm) erreicht man durch

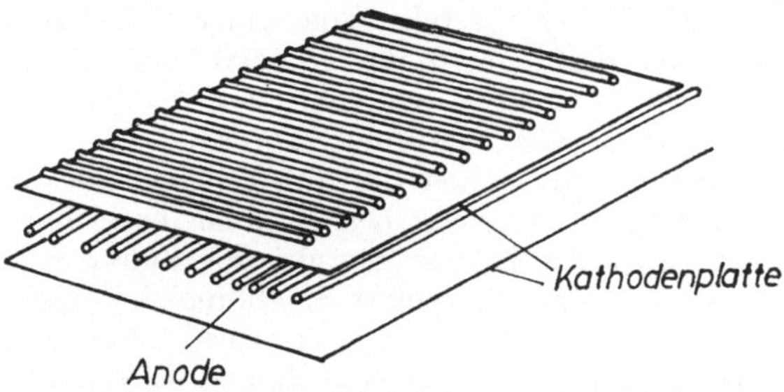

Abb. 8. Schema der Anordnung der Ebenen paralleler Anodendrähte zwischen metallischen Kathodenflächen in Proportionalkammern.

Messung der Driftzeit der durch Ionisation freigesetzten Elektronen bis zum nächstgelegenen Anodendraht. Die Driftgeschwindigkeit beträgt ca. 50 μm/ns. Daher muß in den Driftkammern die Driftzeit mit einer Genauigkeit von wenigen Nanosekunden gemessen werden.

Um die Reaktionsprodukte hochenergetischer Wechselwirkungen möglichst vollständig zu vermessen, kombiniert man unterschiedliche elektronische Detektoren mit geeigneten Magneten zu Detektorsystemen. Wie die in den Abbildungen 5 und 7 gezeigten Spurkammern haben auch die elektronischen Detektorsysteme an den modernen Großbeschleunigern beträchtliche Ausmaße angenommen.

In einer Wasserstoffblasenkammer ist es in der Regel nur möglich, die Energie aller in einem Wechselwirkungsprozeß erzeugten geladenen Teilchen zu messen. Um die Gesamtenergie aller geladenen und neutralen Sekundärteilchen zu bestimmen, bedient man sich der Kalorimeter. Typisch ist ihr Aufbau aus abwechselnden Absorber- und Detektorschichten. Um elektromagnetische Schauer von Hadronen-Schauern unterscheiden zu können, verwendet man im Kalorimeter Absorberplatten mit großem Atomgewicht. Die Elektron-Photon-Schauer werden sich nach einigen Strahlungslängen entwickelt haben, während die Hadronen-Schauer zu ihrer Entwicklung eine etwa zehnmal größere Weglänge brauchen. Gemessen wird die Summe der Ionisationsenergien in den Detektorschichten und angenommen, daß diese Summe der Gesamtenergie proportional ist. Der Fehler der Gesamtenergie beträgt etwa

$$\frac{\Delta E}{E} \approx \frac{0{,}5}{\sqrt{E[\text{GeV}]}}. \tag{3.8}$$

Eine Vorstellung von der Größe und Komplexität elektronischer Detektorsysteme vermittelt Abb. 9. Sie zeigt einen Teil des im CERN installierten Neutrino-Detektors.

Da die Wechselwirkung der Neutrinos mit Nukleonen nur über die schwache Wechselwirkung verläuft, sind die Wirkungsquerschnitte außerordentlich klein. Zum Nachweis dieser seltenen Reaktionen braucht man Targets großer Masse. Große Blasenkammern haben eine Masse von etwa 10 t. Der in Abb. 9 gezeigte Neutrino-Detektor hat eine Masse von ≈ 1400 t, bei einer Länge von 20 m und einem Durchmesser von 3,75 m. Er besteht aus 19 torroidalen Magnet-Einheiten. Zwischen den Einheiten sind Driftkammern, um die Spuren der häufig in Neutrino-Reaktionen erzeugten Muonen zu messen. Die ersten sieben Magneteinheiten bestehen aus 15 je 5 cm dicken Eisenscheiben, die verbleibenden 12 Ein-

Abb. 9. Der 20 m lange und 1400 t schwere Neutrino-Detektor des WA
1-Experimentes im CERN: Er besteht aus torroidalen Magnet-
Einheiten, zwischen denen sich Driftkammern bzw. Szintillationszähler befinden (Photo CERN).

heiten aus 5 je 15 cm dicken Eisenscheiben. Zwischen den Eisenscheiben befinden sich Szintillatorschichten zur Messung der Ionisation der Hadronen-Schauer. In diesem Neutrino-Detektor sind also die Funktionen eines Targets, eines Hadron-Kalorimeters und eines Muon-Spektrometers kombiniert.

Gegenwärtig sind Detektorsysteme an den Groß-beschleunigern im Einsatz, die bis zu 10^5 bit pro Wechselwirkung liefern und bis zu 10^6 Wechselwirkungen pro Sekunde zu verarbeiten gestatten. Daraus folgt, daß moderne, leistungsfähige Datenverarbeitungsanlagen integrierender Bestandteil elektronischer Detektorsysteme sind. Rechnersysteme dienen auch zur Analyse und zur Steuerung des Teilchenstrahls in Beschleunigern.

Führt man sich nach diesem kurzen Überblick die Komplexität und den Aufwand der gegenwärtigen experimentellen Hochenergiephysik vor Augen, so erkennt man, daß diese Aufgaben nicht mehr durch einzelne oder eine kleine Gruppe von Physikern gelöst werden können. Die Entwicklung und der Bau moderner elektronischer Detektorsysteme oder großer Spurkammern dauert Jahre und wird in internationaler Zusammenarbeit durchgeführt. In den daran beteiligten nationalen Kollektiven arbeiten Wissenschaftler, Ingenieure und Techniker verschiedener Spezialrichtungen eng zusammen.

4. Hadronen-Spektroskopie und Quark-Hypothese

4.1. Resonanzen und die SU(3)-Symmetrie

Mit der Inbetriebnahme der ersten Beschleuniger, die es erlaubten, Protonen auf mehrere hundert MeV zu beschleunigen, gelang die Erzeugung genügend intensiver Strahlen geladener π-Mesonen. Anfang der fünfziger Jahre fand man bei der experimentellen Untersuchung der π^+-p-Streuung im Verhalten des Wirkungs-

querschnitts als Funktion der Energie ein Resonanzmaximum (s. Abb. 10). Das Maximum der Resonanz
liegt bei einer invarianten Gesamtenergie

$$E_0 = m_0 c^2 = [(E_p + E_\pi)^2 - (\boldsymbol{p}_p + \boldsymbol{p}_\pi)^2]^{1/2} \qquad (4.1)$$

bzw. bei einer effektiven Masse von $m_\Delta = 1232\ \mathrm{MeV}/c^2$.
Bei der halben Höhe des Maximums hat die Resonanz
eine Breite von $115\ \mathrm{MeV}/c^2$. Die Halbwertbreite Γ einer
Resonanz ist mit ihrer Lebensdauer τ durch die Bezie-

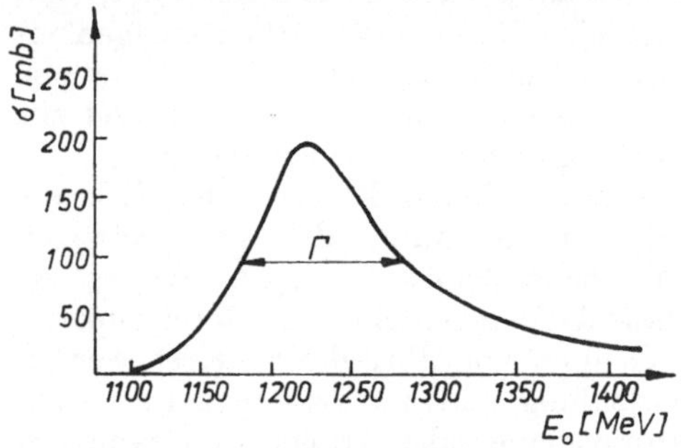

Abb. 10. Verlauf des Wirkungsquerschnitts der Reaktion $\pi^+_L + p \to \pi^+ + p$ als Funktion der Gesamtenergie E_0.

hung $\tau = \hbar/\Gamma = 0{,}658 \cdot 10^{-21}\ [\mathrm{MeV} \cdot \mathrm{s}]/\Gamma\ [\mathrm{MeV}]$ verknüpft. Daraus ergibt sich für die in ein Proton und ein
π^+-Meson zerfallende $\Delta^{++}(1232)$-Resonanz

$$\pi^+ + p \to \Delta^{++}(1232) \to \pi^+ + p \qquad (4.2)$$

eine Lebensdauer von $\approx 10^{-23}\ \mathrm{s}$. Das entspricht der
charakteristischen Kernzeit. Sie ist gegeben durch den
Quotienten der Reichweite der starken Wechselwirkung
$R \approx 10^{-13}$ cm, dividiert durch die Lichtgeschwindigkeit c.
Daraus folgt, daß die Baryonenresonanz $\Delta(1232)$ über
die starke Wechselwirkung zerfällt.

Die $\Delta(1232)$-Baryonenresonanz wurde noch in drei
weiteren Ladungszuständen (Δ^+, Δ^0, Δ^-) gefunden.
Man kann ihr also den Isospin $I = 3/2$ mit den dritten

Komponenten ($I_3 = -3/2$, $-1/2$, $1/2$, $3/2$) zuordnen. Auch die Quantenzahlen Spin J und Parität P ließen sich eindeutig zu $J^P = 3/2^+$ bestimmen. Die $\Delta(1232)$-Resonanz erwies sich als ein außerordentlich kurzlebiges, über starke Wechselwirkung zerfallendes Teilchen (Baryon) mit definierten Quantenzahlen. Die additiven Quantenzahlen wie die Ladung (bzw. I_3), die Strangeness und die Baryonenzahl bleiben in Reaktion (4.2) erhalten.

Die Δ-Resonanz wird im Stoß der beiden Teilchen bei der Schwerpunktsenergie E_0 gebildet, die der Ruhemasse m_Δ des kurzlebigen Teilchens entspricht. Es zerfällt durch starke Wechselwirkung wieder in ein π-Meson und ein Proton. Diese Art der Resonanzbildung als Maximum im Streuquerschnitt bezeichnet man als Formationsexperiment.

Im Produktionsexperiment dagegen wird die Resonanz zusammen mit einem oder mehreren weiteren Teilchen erzeugt. Im Jahre 1961 wurde als erste Mesonenresonanz das ϱ-Meson in der Reaktion

$$\left.\begin{aligned} \pi^- + \mathrm{p} &\to \mathrm{p} + \varrho^- \\ &\quad\quad\;\; \hookrightarrow \pi^- + \pi^0 \\ \pi^- + \mathrm{p} &\to \mathrm{n} + \varrho^0 \\ &\quad\quad\;\; \hookrightarrow \pi^+ + \pi^- \end{aligned}\right\} \tag{4.3}$$

entdeckt. Abb. 11 zeigt als Beispiel die Verteilung der effektiven Masse der beiden Pionen für die Reaktion (4.3). Man erkennt ein Resonanzmaximum bei $m_\varrho = 776\ \mathrm{MeV}/c^2$ mit einer Breite $\varGamma = 155\ \mathrm{MeV}/c^2$. Auch das ϱ-Meson erweist sich als ein über die starke Wechselwirkung zerfallendes Teilchen. Da es in drei Ladungszuständen (ϱ^+, ϱ^0, ϱ^-) auftritt, läßt sich dem ϱ-Meson der Isospin $I = 1$ zuordnen. Spin und Parität wurden aus der Zerfallswinkel-Verteilung der ϱ-Mesonen zu $J^P = 1^-$ bestimmt.

Bis zum Anfang der sechziger Jahre wurden 20 weitere Baryonen- und Mesonen-Resonanzen entdeckt, die durch ihre Quantenzahlen eindeutig definiert sind und die

4*

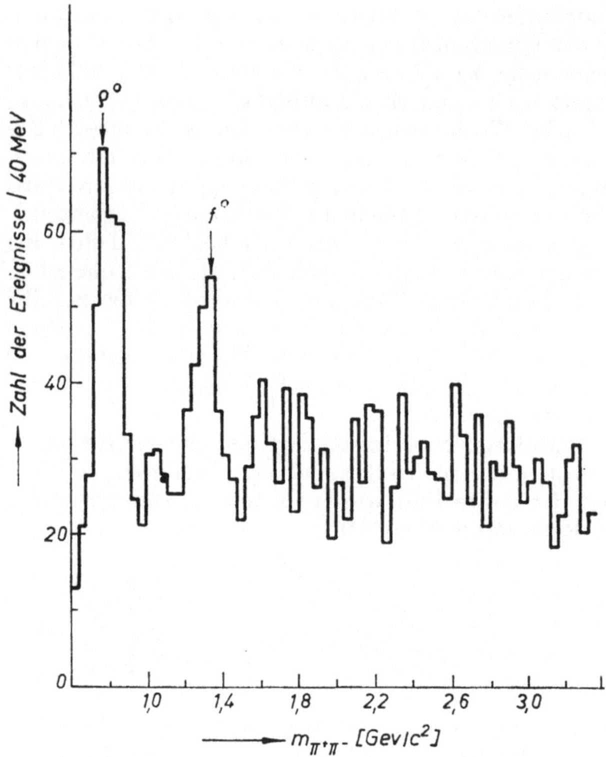

Abb. 11. Verteilung der effektiven Masse $m_{\pi^+\pi^-}$ für die Reaktion $\pi^+ + p$ → n + π^+ + π^-. Zwei Resonanzen, das ρ-Meson und das f-Meson sind deutlich zu erkennen.

mittels starker Wechselwirkung zerfallen. Nimmt man die bereits in den Kapiteln 1 und 2 erwähnten stabilen und die schwach zerfallenden Hadronen hinzu, so enthält eine Liste der Elementarteilchen dieser Jahre etwa 30 durch ihre Quantenzahlen (J, P, I, S, B) bzw. ihre Massen voneinander zu unterscheidende Teilchen.

Die durch die $SU(2)$-Gruppe dargestellte Isospin-

Symmetrie wurde in Abschnitt 2.4 eingeführt. Durch sie werden Teilchen mit gleichem Spin J, gleicher Parität P, gleicher Hyperladung Y (oder Strangeness S) und gleicher Baryonenzahl B, aber unterschiedlicher Ladung Q in Isospin-Multipletts zusammengefaßt. Bei der Untersuchung der Invarianzeigenschaften des Isospins erwiesen sich die 2×2 Spin-Matrizen $\tau_j = 2I_j$ $(j = 1, 2, 3)$ als die erzeugenden Operatoren in Matrixdarstellung einer unitären, unimodularen Transformation der $SU(2)$-Gruppe (s. (2.40)), die den Rang 1 besitzt.

Beim Versuch der Systematisierung der Hadronen stellten GELL-MANN und NE'EMAN Anfang der sechziger Jahre fest, daß sich Teilchen gleichen Spins und gleicher Parität in Multipletts zusammenfassen lassen, welche Isospin-Multipletts verschiedener Hyperladung als Untergruppen enthalten. Wir haben also zwei die einzelnen Zustände eines Multipletts unterscheidende additive Quantenzahlen, die dritte Komponente des Isospins I_3 und die Hyperladung Y.

GELL-MANN und NE'EMAN fanden, daß sich die Baryonen mit $J^P = 1/2^+$, die pseudoskalaren Mesonen mit $J^P = 0^-$ und die Vektormesonen mit $J^P = 1^-$ in Oktetts einordnen lassen (s. Abb. 12). Eine Besonderheit der Oktetts besteht darin, daß sie für $I_3 = Y = 0$ doppelt besetzt sind.

Ordnet man diesen Multipletts eine der $SU(2)$ analoge höherdimensionale Transformationsgruppe zu, so muß sie den Rang 2 besitzen. Die $SU(3)$-Gruppe wird definiert als die Gruppe der unitären, unimodularen Transformationen in einem fiktiven, dreidimensionalen, komplexen Vektorraum, die sich durch 3×3 Matrizen darstellen lassen.

$$U(\theta_\alpha) = \exp\left[\frac{i}{2} \sum_{\alpha=1}^{8} \theta_\alpha \lambda_\alpha\right]$$

mit

$$\det U = \exp\left[\frac{i}{2} \theta_\alpha \operatorname{Sp} \lambda_\alpha\right] = 1.$$

$$(4.4)$$

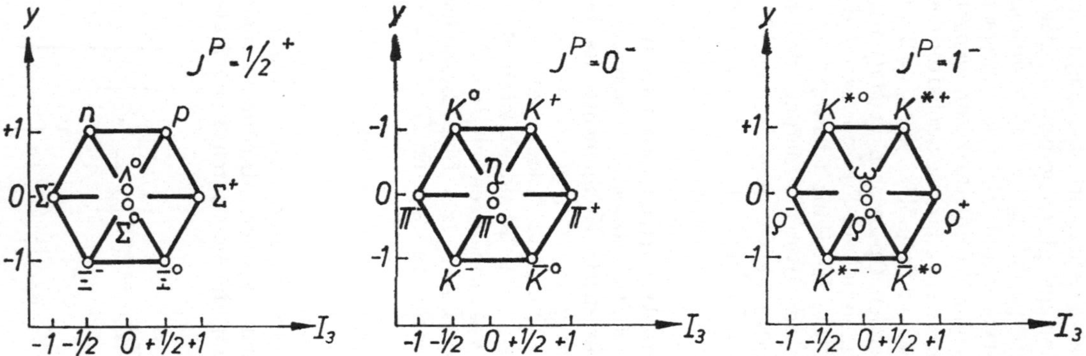

Abb. 12. Das Oktett der Baryonen mit $J^P = 1/2^+$, das Oktett der pseudoskalaren Mesonen mit $J^P = 0^-$ und das Oktett der Vektormesonen mit $J^P = 1^-$. Die zu den verschiedenen Werten von Y und I_3 gehörenden Teilchenzustände sind durch ihre Symbole gekennzeichnet.

Die θ_α sind reelle Parameter. In Analogie zur Verknüpfung der Isospin-Operatoren I_j mit den Paulischen Spinmatrizen τ_j lassen sich die die Transformation $U(\theta_\alpha)$ erzeugenden acht Operatoren λ_α mit den unitären oder F-Spin-Operatoren der $SU(3)$ verknüpfen:

$$\left.\begin{array}{l} F_\alpha = \dfrac{1}{2}\,\lambda_\alpha\ (\alpha = 1,\ \ldots,\ 8);\\[2mm] \text{dabei sind beispielsweise}\\[2mm] F_1 = \dfrac{1}{2}I_1;\quad F_2 = \dfrac{1}{2}I_2;\quad F_3 = I_3;\ \ldots;\ F_8 = \dfrac{\sqrt{3}}{2}\,Y. \end{array}\right\} \tag{4.5}$$

Die erzeugenden Operatoren λ_α (oder F_α) der unitären, unimodularen Transformation lassen sich durch die verallgemeinerten Paulischen Spinmatrizen darstellen.

$$\lambda_1 = \begin{pmatrix} 0 & 1 & 0 \\ 1 & 0 & 0 \\ 0 & 0 & 0 \end{pmatrix};\quad \lambda_2 = \begin{pmatrix} 0 & -i & 0 \\ 1 & 0 & 0 \\ 0 & 0 & 0 \end{pmatrix};$$

$$\lambda_3 = \begin{pmatrix} 1 & 0 & 0 \\ 0 & -1 & 0 \\ 0 & 0 & 0 \end{pmatrix};\ \ldots;\ \lambda_8 = \frac{1}{\sqrt{3}}\begin{pmatrix} 1 & 0 & 0 \\ 0 & 1 & 0 \\ 0 & 0 & -2 \end{pmatrix}. \tag{4.6}$$

Alle diese spurlosen 3×3 Matrizen sind hermitesch.

Die irreduzible Darstellung niedrigsten Grades einer Gruppe, aus der alle weiteren Darstellungen konstruiert werden können, nennt man die Fundamentaldarstellung dieser Gruppe. Im Falle des Spins bzw. des Isospins ist die Fundamentaldarstellung durch das Dublett mit J bzw. $I = 1/2$ gegeben. Ihre Multiplizität ist bekanntlich $(2J + 1) = 2$ bzw. $(2I + 1) = 2$. Aus dieser kleinsten nichttrivialen Darstellung wollen wir als Beispiel die Darstellungen für ein System aus 2 Teilchen mit jeweils einem Spin $J = 1/2$ (in Einheiten von $\hbar$) konstruieren. Die dritte Komponente des Spins hat zwei Einstellmöglichkeiten:

$$J_3 = +1/2 \quad \text{symbolisch dargestellt: } \uparrow$$

$$J_3 = -1/2 \quad \text{symbolisch dargestellt: } \downarrow$$

Daraus lassen sich für das 2-Teilchen-System folgende Spin-Zustandsfunktionen bilden:

$$
\left.
\begin{array}{ll}
\left.
\begin{array}{ll}
|\uparrow\uparrow\rangle & \text{d. h. } J_3 = +1 \\
\left|\dfrac{1}{\sqrt{2}}(\uparrow\downarrow + \downarrow\uparrow)\right\rangle & \text{d. h. } J_3 = 0 \\
|\downarrow\downarrow\rangle & \text{d. h. } J_3 = -1
\end{array}
\right\} J = 1 \\[6pt]
\left|\dfrac{1}{\sqrt{2}}(\uparrow\downarrow - \downarrow\uparrow)\right\rangle \quad \text{d. h. } J_3 = 0 \quad J = 0
\end{array}
\right\} \tag{4.7}
$$

Aus einem System zweier Teilchen mit jeweils dem Spin 1/2 erhält man also ein Triplett und ein Singulett, unter Benutzung gruppentheoretischer Additions- und Multiplikationsymbole geschrieben:

$$2 \otimes 2 = 1 \oplus 3.$$

Die Spin-Zustandsfunktionen des Tripletts erweisen sich als gerade bei einer Vertauschung der beiden Teilchen, während sie beim Singulett-Zustand ungerade ist.

Für ein System aus einem Teilchen mit Isospin 1/2 und einem Teilchen mit Isospin 1 erhält man

$$2 \otimes 3 = 2 \oplus 4,$$

d. h. ein Dublett und ein Quadruplett usw.

Für die $SU(3)$-Gruppe existieren zwei nicht äquivalente Fundamentaldarstellungen. Sie sind von dritter Ordnung. Abb. 13 zeigt die I_3-Y-Diagramme — oder Gewichtsdiagramme — dieser beiden kleinsten nichttrivialen Darstellungen der $SU(3)$. Da der F-Spin den Isospin umfaßt, enthält auch die Fundamentaldarstellung der $SU(3)$ ein $I = 1/2$ Dublett.

Mit Hilfe der beiden Fundamentaldarstellungen [3]

und [3̄] lassen sich alle weiteren höherdimensionalen Darstellungen der $SU(3)$-Gruppe konstruieren. Für zwei Beispiele erhält man in der abgekürzten Schreibweise folgende Resultate:

$$[3] \otimes [3] = [1] \oplus [8] \tag{4.8}$$

und

$$[3] \otimes [3] \otimes [3] = [1] \oplus [8] \oplus [8] \oplus [10]. \tag{4.9}$$

Im ersten Fall ergibt sich ein Oktett und ein Singulett, im zweiten Beispiel ein Singulett, zwei Oktetts und ein Dekuplett.

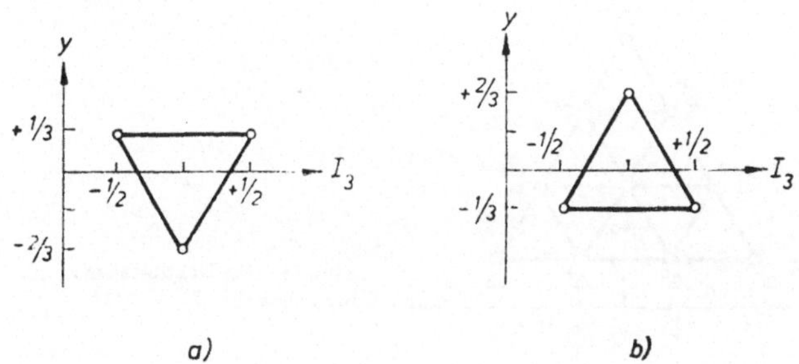

Abb. 13. Die beiden Fundamentaldarstellungen [3] und [3̄] der $SU(3)$-Gruppe.

Bis zum Jahre 1974 gelang die experimentelle Identifizierung einer großen Zahl weiterer Resonanzen, so daß ihre Anzahl auf etwa 100 anstieg. Alle Baryonen ließen sich Singuletts [1], Oktetts [8] oder Dekupletts [10] zuordnen. Als weiteres Beispiel ist in Abb. 14 das $J^P = 3/2^+$ Dekuplett gezeigt. Baryonen und Antibaryonen bilden separate Multipletts. Alle Mesonen ließen sich in Singuletts [1] und Oktetts [8] einordnen. In den Oktetts sind Mesonen und Antimesonen gemeinsam enthalten.

Die beobachteten Hadronen erwiesen sich als Zustände der drei Multipletts — Singulett, Oktett, Dekuplett — der $SU(3)$-Gruppe.

Wäre die $SU(3)$-Symmetrie streng gültig, so müßten

alle Teilchen eines Multipletts gleiche Massen besitzen. Die experimentell beobachtete starke Massenaufspaltung zwischen den Isospin-Multipletts eines Oktetts oder Dekupletts zeigt jedoch eine starke Verletzung der $SU(3)$-Symmetrie. Betrachten wir als Beispiel die Massendifferenzen zwischen den negativ geladenen Teilchen des $J^P = 3/2^+$ Dekupletts, so erhält man Werte von ≈ 150 MeV, d. h., wir beobachten ein lineares Anwachsen der Massen dieser Teilchen.

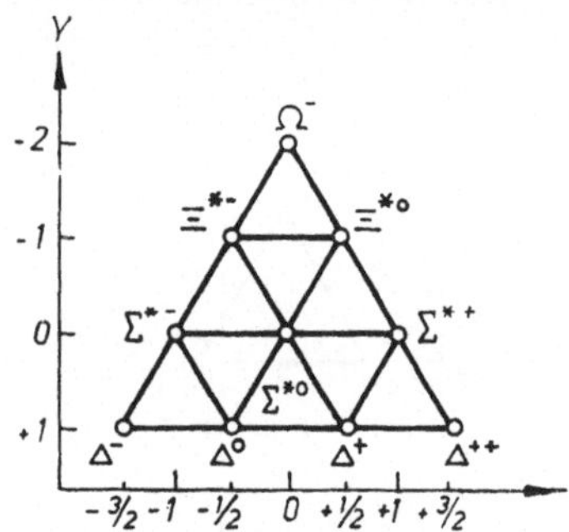

Abb. 14. **Das Dekuplett der Baryonen mit** $J^P = 3/2^+$.

4.2. Die Quark-Hypothese

Wenn wir die allgemeine Gültigkeit der Gell-Mann-Nishijima-Beziehung (2.43) voraussetzen und in Analogie zur $SU(2)$-Gruppe den Fundamentaldarstellungen der $SU(3)$-Gruppe Teilchen zuordnen, dann hat die drittelzahlige Hyperladung eine erstaunliche Konsequenz. Diese Teilchen, im folgenden als Quarks q und Antiquarks $\bar{q}$ bezeichnet, sollen drittelzahlige elektrische Elementarladungen und Baryonenzahlen besitzen. Die Quantenzahlen der Quarks und Antiquarks sind in Tabelle 4.1 zusammengestellt.

Der experimentelle Sachverhalt, daß nur Hadronen entdeckt wurden, die den Multipletts der Reduktionsformeln (4.8) und (4.9) entsprechen, legt nahe, die Quarks als neue Basisteilchen zu betrachten. Mitte der sechziger Jahre wurde die Quark-Hypothese zur Beschreibung der Multiplett-Strukturen formuliert:

Jedes Hadron ist aus Quarks aufgebaut. Mesonen bestehen aus einem Quark und einem Antiquark — $q\bar{q}$. Baryonen bestehen aus drei Quarks — qqq.

Um die Baryonen, die stets einen halbzahligen Spin haben, aus den drei Quarks zu bilden, müssen auch die Quarks einen halbzahligen Spin besitzen. Man ordnet ihnen den Spin 1/2 zu.

Tabelle 4.1

Quark	Baryonenzahl B	Ladung Q	Isospin		Strangeness S
			I	I_s	
u	$+1/3$	$+2/3$	1/2	$+1/2$	0
d	$+1/3$	$-1/3$	1/2	$-1/2$	0
s	$+1/3$	$-1/3$	0	0	-1
$\bar{u}$	$-1/3$	$-2/3$	1/2	$-1/2$	0
$\bar{d}$	$-1/3$	$+1/3$	1/2	$+1/2$	0
$\bar{s}$	$-1/3$	$+1/3$	0	0	$+1$

Alle bis zum Jahre 1974 beobachteten Multipletts entsprachen $q\bar{q}$-Kombinationen bei den Mesonen und qqq-Kombinationen bei den Baryonen. Andererseits gestattet die $SU(3)$-Symmetrie die Bildung von Multipletts (z. B. 27-Pletts), für die eine Deutung im Rahmen des einfachen Quark-Modells nicht möglich ist. Experimentelle Hinweise auf die Existenz derartiger Multipletts wurden bisher nicht gefunden.

Die in Tabelle 4.1 aufgeführten drei Quarks unterscheiden sich durch die dritten Komponenten des Isospins und durch die Strangeness voneinander. Qualitativ kennzeichnet man ihre Unterscheidbarkeit durch die Eigenschaft Flavor (Duft).

Unmittelbar nach der Formulierung der Quark-Hypothese postulierten BJORKEN und GLASHOW die Existenz eines vierten Quarks. Wir haben bereits in der Einleitung vier schwach wechselwirkende Elementarteilchen kennengelernt; die Leptonenpaare (ν_e, e^-) und (ν_μ, μ^-). Faßt man sie als fundamentale punktförmige Objekte der Mikrowelt auf, so sollte man aus Symmetriegründen auch vier punktförmige hadronische Objekte der Mikrowelt, die Quarks, erwarten. Die Entdeckung jedes weiteren Leptonenpaares legt die Erwartung nahe, daß auch ein weiteres Quarkpaar existiert.

Die Theorie der schwachen Wechselwirkung lieferte nach der Entdeckung der neutralen Ströme für den leptonischen Zerfall des langlebigen neutralen K-Mesons $K_L{}^0 \to \mu^+ + \mu^-$ eine Zerfallswahrscheinlichkeit, die um mehrere Zehnerpotenzen über dem experimentell beobachteten Wert lag. GLASHOW, ILIOPOULOS und MAIANI konnten 1970 Theorie und Experiment in Einklang bringen, indem sie die $SU(3)$-Symmetrie der Hadronen zur $SU(4)$-Symmetrie erweiterten (s. Abschn. 5.3). Zu den u-, d- und s-Quarks tritt als vierter Quark der Charm-Quark c hinzu. Mit ihm ist eine weitere additive Flavor-Quantenzahl $C = 1$ verbunden. Ferner trägt er die Quantenzahlen $I = S = 0$, $B = 1/3$ und $Q = 2/3$.

Je nachdem, auf welche Art und Weise man die Gell-Mann-Nishijima-Beziehung (2.43) verallgemeinert, erhält man unterschiedliche Hyperladungen für den Charm-Quark. Zwei gebräuchliche Festlegungen sind:

$$Q = I_3 + \frac{Y}{2} + C, \qquad (4.10)$$

$$Q = I_3 + \frac{Y}{2} + \frac{2}{3}\, C. \qquad (4.11)$$

Im ersten Fall erhält man für den Charm-Quark $Y = -2/3$ und im zweiten Fall $Y = 0$.

Wir kennen gegenwärtig kein physikalisches Prinzip, durch das die Zahl der Flavor-Quantenzahlen begrenzt wird.

Es gibt indirekte Hinweise darauf, daß die Quarks einen weiteren zusätzlichen Freiheitsgrad — Color

(Farbe) — besitzen. Da die Quarks den Spin 1/2 besitzen sollen, ist es naheliegend, sie als Fermionen zu betrachten, die dem Pauli-Prinzip gehorchen. Die totale Zustandsfunktion eines Hadrons muß also ungerade bei einer beliebigen Permutation aller Variablen der Quarks sein. Die Grundzustandsfunktion der Baryonen ist jedoch gerade.

Betrachten wir als Beispiel den $\Delta^{++}(1232)$-Zustand. Nach dem einfachsten Quark-Modell soll er aus drei u-Quarks bestehen, die sich im Grundzustand befinden. Im energetisch niedrigsten Zustand des uuu-Systems ist der relative Bahndrehimpuls $L = 0$ (S-Zustand). Dem entspricht eine relative Parität $P = (-1)^L = +1$, d. h., der räumliche Teil der Zustandsfunktion ist gerade. Spin und Isospin des $\Delta^{++}(1232)$ wurden zu $I = J = 3/2$ bestimmt. In diesem Falle ist auch die Spin-Zustandsfunktion $|\uparrow\uparrow\uparrow\rangle$ und analog auch die Isospin-Zustandsfunktion symmetrisch gegenüber der Vertauschung zweier Quarks. Da auch die drei Quarks im Δ^{++} gleichen Flavor besitzen, erweist sich die totale Zustandsfunktion, das Produkt der einzelnen Anteile der Zustandsfunktion, als gerade:

$$|\Delta^{++}\rangle = |u\uparrow \, u\uparrow \, u\uparrow\rangle = \text{gerade}. \qquad (4.12)$$

Zur Rettung des Pauli-Prinzips wurde angenommen, daß eine bisher übersehene Entartung, d. h. eine verborgene Quantenzahl, vorliegt. Zur Beschreibung dieser Entartung wurde die Quantenzahl Color (Farbe) eingeführt. Die Color-Hypothese läßt sich wie folgt formulieren:

Jedes Quark kommt in drei verschiedenen Farben vor. Antiquarks tragen komplementäre Farben. Alle Hadronen sind weiß, d. h. Farb-Singuletts.

Daraus folgt, daß alle beobachteten Baryonen aus drei „sich zu weiß mischenden" verschiedenfarbigen Quarks und alle Mesonen aus einem farbigen Quark und seinem farbkomplementären Antiquark bestehen.

Die Vorstellung, daß letztlich die Materie sich auf wenige fundamentale Komponenten reduzieren läßt, stimulierte sicher die Quark-Hypothese. Die mehr als 100 Hadronen konnten damit auf drei fundamentale Teilchen zurückgeführt werden. Mit der Quark-Hypothese wird im Grunde der Versuch unternommen, im Bereich der subnuklearen Phänomene die großen Erfolge der Atomphysik der zwanziger Jahre zu wiederholen. Mit Elektron und Atomkern als den fundamentalen Bausteinen und den revolutionierenden neuen Prinzipien der Quantenmechanik gelang seinerzeit die Beschreibung der Atomeigenschaften und der Erscheinungen der Atomspektroskopie. Die gleichen quantenmechanischen Prinzipien wurden in den dreißiger und vierziger Jahren zur Beschreibung der kernphysikalischen Erscheinungen herangezogen.

Wir haben keine Garantie dafür, daß beim Vordringen in die Raum-Zeit-Strukturen der Quarks noch die gleichen Prinzipien gültig sind. Denn nur indem wir sie an den Erscheinungen im erreichten Grenzbereich der Mikrowelt testen, können wir die Notwendigkeit zur Einführung eines prinzipiell neuen Konzepts prüfen.

4.3. Die $SU(4)$-Symmetrie und die neuen Teilchen

Der d-Quark unterscheidet sich vom u-Quark durch die additive Quantenzahl I_3. Der s-Quark unterscheidet sich vom d-Quark um eine zweite additive Quantenzahl S (oder Y), und der c-Quark unterscheidet sich vom s-Quark durch eine dritte additive Quantenzahl C. Allgemein läßt sich ein Modell mit n Objekten, die sich durch $(n-1)$ additive Quantenzahlen unterscheiden, durch die Gruppe $SU(n)$ beschreiben. Eine n-te additive Quantenzahl (die Baryonzahl) ist allen Objekten gemeinsam.

Gehen wir von der Existenz von vier Quarks aus, so ist die zugehörige Transformationsgruppe die $SU(4)$-Gruppe. Das einfachste $SU(4)$-Multiplett, d. h. seine fundamentale Darstellung [4], kann durch ein Tetraeder beschrieben werden. In Abb. 15 ist das zugehörige Gewichtsdiagramm skizziert. Achsen in der horizontalen Ebene sind I_3 und Y, während C die vertikale Achse darstellt. Die vier Flächen des Tetraeders bilden vier $SU(3)$-Untergruppen. In analoger Weise läßt sich das Gewichtsdiagramm $[\bar{4}]$ der Antiquarks bilden.

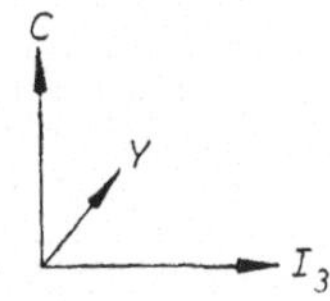

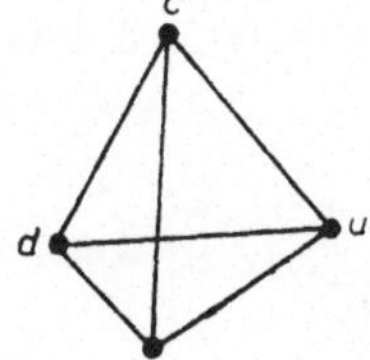

Abb. 15. Die Fundamentaldarstellung [4] der $SU(4)$-Gruppe.

Auch für die $SU(4)$-Gruppe der unitären unimodularen Transformation läßt sich eine Darstellung analog zu (4.4) angeben:

$$U(\theta_\beta) = \exp\left[\frac{i}{2}\sum_{\beta=1}^{15}\theta_\beta\lambda_\beta\right]. \tag{4.13}$$

Die erzeugenden Operatoren dieser Transformation müssen spurlos und hermitesch sein. Sie lassen sich wie im Fall der $SU(2)$ und $SU(3)$ durch Matrizen darstellen, die jetzt jedoch 4×4 Matrizen sind. Es gibt 15 solcher Matrizen

$$\lambda_i = \begin{pmatrix} 0 & 0 & 0 & 0 \\ 0 & & & \\ 0 & & \lambda_\alpha & \\ 0 & & & \end{pmatrix}; \quad i = 1, \ldots, 8, \tag{4.14a}$$

wobei die λ_a die Matrizen der $SU(3)$ sind (s. (4.6)).

$$\cdots\lambda_{15} = \frac{1}{\sqrt{6}} \begin{pmatrix} -3 & 0 & 0 & 0 \\ 0 & 1 & 0 & 0 \\ 0 & 0 & 1 & 0 \\ 0 & 0 & 0 & 1 \end{pmatrix}. \qquad (4.14\,\mathrm{b})$$

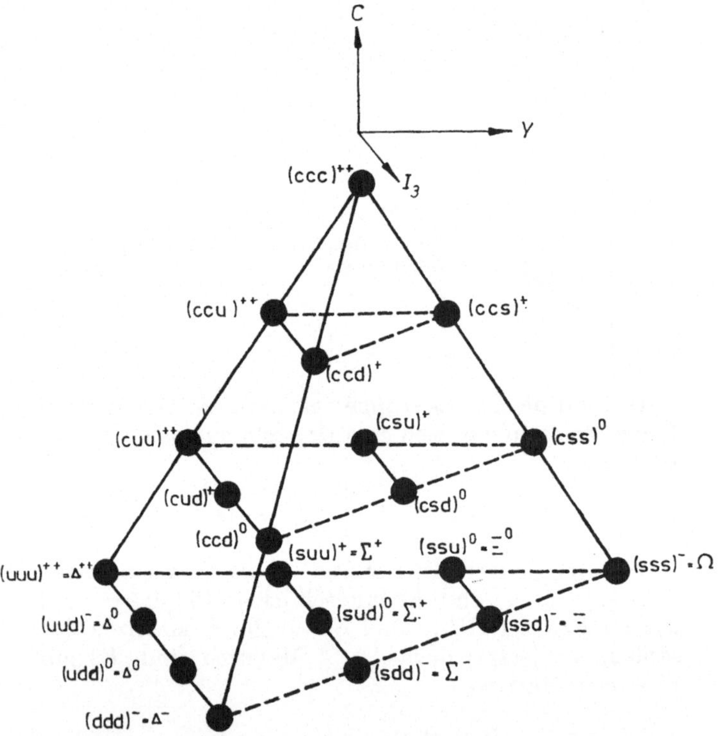

Abb. 16a. Das 20-Plett der Baryonen mit $J^P = 3/2^+$ (a) und das 15-Plett der pseudoskalaren Mesonen (b). Für die einzelnen Zustände ist ihr Quarkinhalt und in einigen Fällen ihr Symbol angegeben.

Die Charm-Quantenzahl kann man definieren als Eigenwerte des Operators

$$C = \frac{1}{4}\left(\mathbf{1} - \sqrt{6}\,\lambda_{15}\right) = \begin{pmatrix} 1 & & & \\ & 0 & & \\ & & 0 & \\ & & & 0 \end{pmatrix}. \qquad (4.15)$$

Mit dieser Definition erhält man die Gell-Mann-Nishijima-
Formel in der Form (4.11).

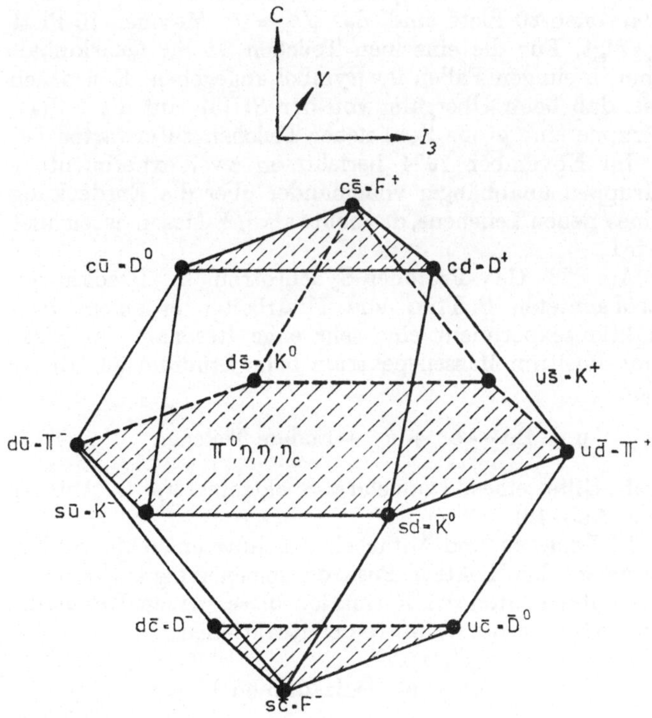

Abb. 16 b.

Aus einem System von vier Quarks lassen sich folgende Mesonen- und Baryonen-Multipletts bilden:

$$\left. \begin{aligned} [4] \otimes [\bar{4}] &= [1] \oplus [15] \\ [4] \otimes [4] \otimes [4] &= [4] \oplus [20] \oplus [20] \oplus [20] \end{aligned} \right\} \quad (4.16)$$

Vergleicht man diese Reduktionsformeln mit denen der $SU(3)$-Symmetrie in (4.8) und (4.9), so sieht man, daß aus dem Mesonen-Oktett ein 15-Plett und aus den Baryonen-Oktetts und dem Baryonen-Dekuplett 20-Pletts werden. Als Beispiele sind in Abb. 16 das $J^P = 3/2^+$ Baryonen-20-Plett und das $J^P = 0^-$ Mesonen-15-Plett gezeigt. Für die einzelnen Teilchen ist ihr Quarkinhalt und in einigen Fällen ihr Symbol angegeben. Ersichtlich ist, daß beim Übergang von der $SU(3)$- auf die $SU(4)$-Gruppe eine große Zahl neuer Teilchen zu erwarten ist.

Im November 1974 berichteten zwei experimentelle Gruppen unabhängig voneinander über die Entdeckung eines neuen Teilchens, das heute als J/Ψ-Meson bezeichnet wird.

Am 28 GeV-Protonen-Synchrotron in Brookhaven beobachteten S. TING und Mitarbeiter in einem Produktionsexperiment eine sehr enge Resonanz im Elektron-Positron-Massenspektrum beim Studium der Reaktion

$$p + Be \rightarrow e^+ + e^- + \text{andere Teilchen} \qquad (4.17)$$

mit Hilfe eines Doppelarm-Spektrometers (s. Abb. 17 und Abb. 18).

B. RICHTER und Mitarbeiter benutzten in ihrem Experiment den Elektron-Positron-Speicherring in Stanford. Sie untersuchten die Formation dieser neuen Resonanz. Die Wirkungsquerschnitte der Reaktionen

$$\left. \begin{aligned} e^+ + e^- &\rightarrow \text{Hadronen} \\ &\rightarrow \mu^+ + \mu^- \\ &\rightarrow e^+ + e^- \end{aligned} \right\} \qquad (4.18)$$

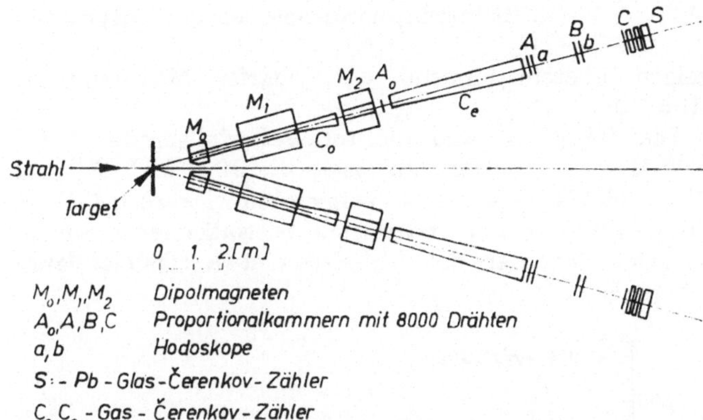

Abb. 17. Schema des Doppelarm-Spektrometers, das zum Nachweis des J/Ψ-Mesons benutzt wurde.

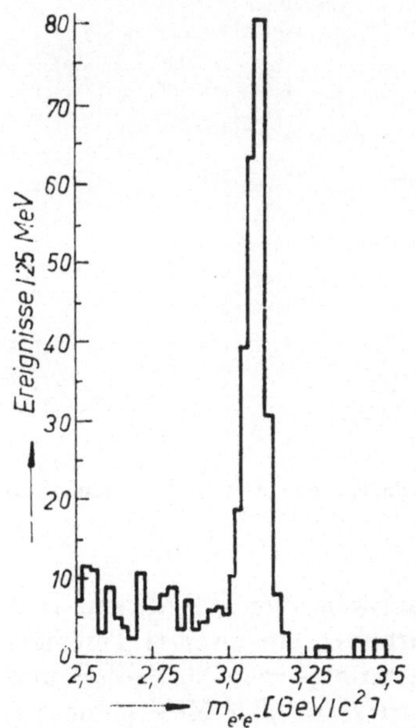

Abb. 18. Das effektive Massenspektrum $m_{e^+e^-}$ aus der Reaktion
p + Be → e⁺ + e⁻ + X bei 28 GeV.

5*

zeigen übereinstimmend ein scharfes Maximum (s. Abb. 19).

Die Masse m_0 und die totale Zerfallsbreite Γ des J/Ψ-Mesons wurden zu $m_{\text{J}/\Psi} = 3097$ MeV/c^2 und $\Gamma = 0{,}067$ MeV bestimmt. Vergleichen wir diesen Γ-Wert mit den Werten aller anderen stark zerfallenden Mesonen, so zeigt sich, daß das J/Ψ-Meson etwa 1000mal langlebiger ist.

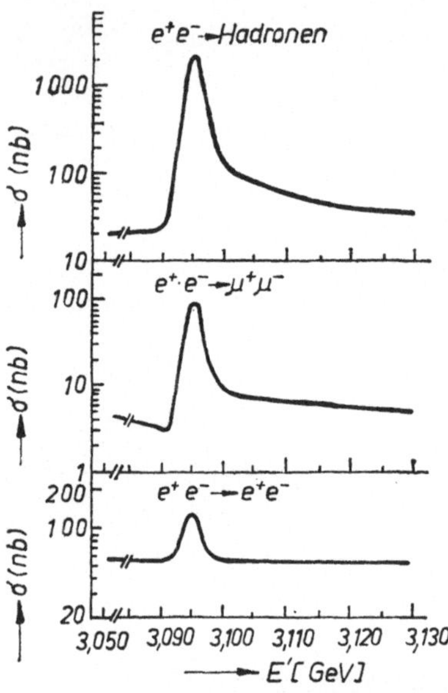

Abb. 19. Verlauf des Wirkungsquerschnitts der e⁺e⁻-Wechselwirkung als Funktion der Gesamtenergie.

Kurze Zeit nach dem Nachweis des J/Ψ-Mesons entdeckten RICHTER und Mitarbeiter ein zweites Teilchen, das Ψ''-Meson, dessen Masse zu $m_{\Psi'} = 3686$ MeV/c^2 und dessen totale Zerfallsbreite zu $\Gamma = 0{,}228$ MeV gemessen wurde. Für beide Teilchen ergaben die Experimente die Quantenzahlen $I = 0$; $S = 0$ und $J^P = 1^-$.

Zur Erklärung dieser Vektormesonen nimmt man die Existenz einer neuen Quantenzahl C — Charm — an, die den c-Quark charakterisiert. Diese neue additive Quantenzahl bleibt in starken und elektromagnetischen Wechselwirkungen erhalten.

Das J/Ψ-Meson wird als ein gebundener (c$\bar{\text{c}}$)-Zustand und das Ψ'-Meson als eine Radialanregung dieses Zustandes gedeutet. In beiden als Charmonium bezeichneten (c$\bar{\text{c}}$)-Zuständen sind die Spins der Quarks parallel ausgerichtet, und der Bahndrehimpuls des (c$\bar{\text{c}}$)-Systems beträgt $L = 0$. In Analogie zur Atomphysik bezeichnet man diese S-Zustände als Orthocharmonium.

Zur Erklärung der geringen Breite der neuen Teilchen, insbesondere beim Zerfall in Hadronen über die starke Wechselwirkung muß man fordern, daß Mesonen mit einem c-Quark wie (c$\bar{\text{q}}$) und ($\bar{\text{c}}$q) so schwer sind, daß ihre doppelte Masse die der beiden Vektormesonen J/Ψ und Ψ' übersteigt. Das heißt, Zerfälle der Art (c$\bar{\text{c}}$) $\rightarrow$ (c$\bar{\text{q}}$) + ($\bar{\text{c}}$q) können nicht auftreten. Es sind also nur hadronische Zerfälle möglich, bei denen das (c$\bar{\text{c}}$)-Quarkpaar vernichtet wird. In der weit überwiegenden Mehrzahl aller hadronischen Resonanzzerfälle sind die Quarks des zerfallenden Teilchens in den Zerfallsteilchen enthalten. Es muß also einen unbekannten dynamischen Mechanismus geben, der Zerfälle wie beispielsweise J/$\Psi \rightarrow \rho^- + \pi^+$ oder $\Psi' \rightarrow$ J/$\Psi + \pi^+ + \pi^-$ unterdrückt. Sein Wirken läßt sich durch eine von OKUBO, ZWEIG und IIZUKA aufgestellte empirische Regel ausdrücken.

Die als Beispiel angegebenen Zerfälle lassen sich in Quark-Liniendiagrammen darstellen (s. Abb. 20). Wir setzen voraus, daß es mindestens ein weiteres Vektormeson $\Psi''' = $ (c$\bar{\text{c}}$) gibt, dessen Masse die der Zerfallsteilchen (c$\bar{\text{q}}$) und ($\bar{\text{c}}$q) übersteigt. Der zugehörige Zerfall ist im Liniendiagramm von Abb. 20c dargestellt. Vergleicht man die im Vergleich zur Reaktion in Abb. 20c so außerordentlich langlebigen Zustände J/Ψ und Ψ'

in den Abbn. 20a und 20b miteinander, so läßt sich die empirische OZI-Regel folgendermaßen formulieren:

Hadronische Zerfälle mit einer $c\bar{c}$- (bzw. $s\bar{s}$-) Annihilation oder Prozesse, die getrennte Quarklinien einschließen, sind stark unterdrückt.[1])

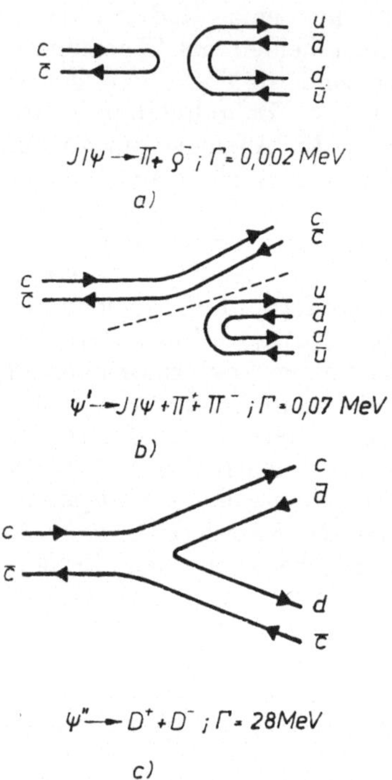

Abb. 20. Quark-Liniendiagramme für einige starke Mesonenzerfälle.

---

[1]) Als getrennt definiert man ein Quarkliniendiagramm, in dem ein oder mehrere Hadronen sich durch eine Linie (in Abb. 20 gestrichelt) isolieren lassen, welche keine Quarklinie schneidet.

4.4. Mesonenspektroskopie

Bisher haben wir uns darauf beschränkt, die $SU(3)$-bzw. die $SU(4)$-Gruppe als innere Symmetriegruppen zu betrachten. Die Quarks besitzen jedoch neben den inneren Quantenzahlen wie Isospin, Hyperladung und Charm auch raum-zeitliche Freiheitsgrade wie beispielsweise den Spin.

Macht man die Annahme, daß die q-q-Wechselwirkung nicht von der Spin-Konfiguration der beiden Quarks abhängt, so läßt sich die Symmetriegruppe $SU(2n)$ einführen. Sie enthält als Untergruppen die innere Symmetriegruppe $SU(n)$ und die Spingruppe $SU(2)$.

Selbst wenn die $SU(n)$ eine exakte Symmetrie wäre, so gilt das nicht für die $SU(2n)$-Gruppe. Im allgemeinen gilt die Drehimpulserhaltung nur für den Gesamtdrehimpuls eines Systems und nicht separat für den Spin und den Bahndrehimpuls der Teilchen des Systems. Die Anwendung der Gruppen $SU(6)$ bzw. $SU(8)$ ist daher nur in einer nichtrelativistischen Näherung vertretbar, in der man bei genügend kleinen Energien näherungsweise annehmen kann, daß Spin und Bahndrehimpuls separat erhalten bleiben. Die $SU(6)$-Gruppe hat sich als nützlich bei der Klassifizierung der Mesonen und Baryonen nicht zu großer Massen erwiesen.

Betrachten wir zunächst die Mesonen. Ein Quark q und ein Antiquark $\bar{q}$, jeder mit dem Spin 1/2, lassen sich zu einem $q\bar{q}$-System, d. h. zu einem Meson mit einem Gesamtspin $S = 0$ oder $S = 1$, zusammenfügen. Besitzt das $q\bar{q}$-System einen relativen Bahndrehimpuls $L = 0$, 1, 2, . . ., so ergibt sich der totale Drehimpuls des $q\bar{q}$-Systems, d. h. der Spin des Mesons, zu $\boldsymbol{J} = \boldsymbol{L} + \boldsymbol{S}$.

Mit dem Bahndrehimpuls L ist die Parität $(-1)^L$ verknüpft. Die innere Parität des $q\bar{q}$-Paares hat den Wert 1. Man erhält also für das Meson die Parität

$$P = (-1)^{L+1}. \tag{4.19}$$

In elektromagnetischen und starken Zerfällen der Mesonen bleibt die Parität erhalten.

Für die q$\bar{\text{q}}$-Zustände bzw. für Mesonen, die Linearkombinationen der Quarkpaare entsprechen, ist die Ladungskonjugations-Quantenzahl C durch

$$C = (-1)^{L+S} \qquad (4.20)$$

gegeben. Für die $L = 0$-Zustände erhalten wir daher Mesonen mit folgenden Quantenzahlen:

$$S = 0; \quad J^{PC} = 0^{-+}; \quad {}^1S_0\text{-Zustände},$$

$$S = 1; \quad J^{PC} = 1^{--}; \quad {}^3S_1\text{-Zustände}.$$

Dabei wurden die Zustände durch die übliche quantenmechanische Bezeichnung ${}^{2S+1}L_J$ charakterisiert. $L = 0$, $1, 2, 3, \ldots$ entsprechen $S, P, D, F, \ldots$ Zuständen.

Betrachten wir als Beispiel das π-Meson. Seine Quantenzahlen wurden experimentell zu $J^{PC} = 0^{-+}$ bestimmt. Aus (4.19) folgt, daß L gerade sein muß. Aus (4.20) folgt damit, daß auch S gerade ist. Der Spin S kann aber nur die Werte 0 und 1 besitzen. Also muß für das π-Meson $S = 0$ sein. Da $J = 0$ ist, kann auch der Bahndrehimpuls nur den Wert $L = 0$ besitzen. Das π-Meson erweist sich als ein ${}^1S_0$-Zustand.

Für $L = 1, 2, \ldots$ haben wir folgende Oktetts zu erwarten:

$$L = 1: \quad {}^3P_0; \; {}^3P_1; \; {}^3P_2 \text{ und } {}^1P_1$$

$$L = 2: \quad {}^3D_0; \; {}^3D_1; \; {}^3D_2 \text{ und } {}^1D_1 \text{ usw.}$$

Hinzu kommen jeweils die entsprechenden $I = 0$ Singuletts.

Die Reduktionsformel der $SU(6)$-Mesonen hat die Form

$$[6] \otimes [6] = [1] \oplus [35], \qquad (4.21)$$

wobei das [35]-Plett folgende $SU(3)$-Untergruppen enthält:

$$[35] \supset [8,3] \oplus [8,1] \oplus [1,3]. \qquad (4.22)$$

Die zweite Ziffer gibt die Spin-Multiplizität $(2S + 1)$.

Einen Überblick über die experimentelle Situation vermittelt Abb. 21. In den $L = 0, 1, 2, \ldots$ $SU(6)$-Multipletts sind die sicher identifizierten Mesonen mit ihren Symbolen eingetragen. Die zu jedem $SU(3)$-Oktett und Singulett gehörenden Quantenzahlen I und J^{PC}

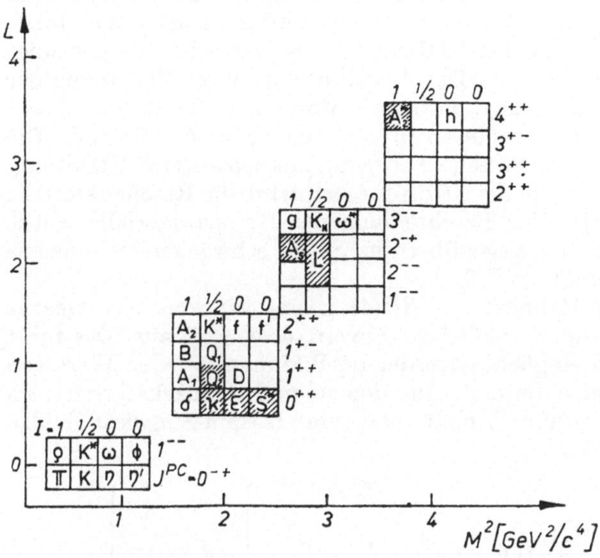

Abb. 21. Die $SU(6)$-Multipletts der Mesonen. Sicher identifizierte Teilchen sind mit ihren Symbolen eingetragen. Einige sehr wahrscheinliche, aber noch nicht endgültig als bestätigt anzusehende Teilchen sind in schraffierte Flächen eingetragen.

sind angegeben. Einige sehr wahrscheinliche, aber noch nicht durch voneinander unabhängige Experimente bestätigte Mesonen sind schraffiert gekennzeichnet. Darüber hinaus gibt es noch eine große Zahl experimenteller Untersuchungen, die Hinweise auf weitere Mesonen enthalten.

Der Vergleich der experimentellen Daten mit den Voraussagen der $SU(6)$-Symmetrie unterstreicht ihre Nützlichkeit bei der Klassifizierung der Hadronen.

Ein Quark-Modell, das nur die $SU(6)$-Symmetrie berücksichtigt, trägt dem Quark-Spin auf nichtrelativistische Art und Weise Rechnung. Zerfällt jedoch eine Resonanz über die starke Wechselwirkung, so besitzen die Zerfallsteilchen in der Regel relativistische Geschwindigkeiten. Betrachten wir beispielsweise den Zerfall $\rho^0 \to \pi^+ + \pi^-$. Aus der Massendifferenz $m_\rho - 2m_\pi$ folgt, daß die beiden π-Mesonen relativistische Geschwindigkeiten besitzen. Der Zerfall erfolgt unter Verletzung der Spin-Erhaltung, da beim ρ-Meson $L = 0$ und $S = J = 1$ und beim π-Meson $L = 0$ und $S = J = 0$ sind. Die nichtrelativistische Näherung mit separater S-Erhaltung, die man für die $SU(6)$ fordert, wird für Resonanzzerfälle verletzt. Zur Beschreibung der Resonanzzerfälle wurde daher eine gegenüber der $SU(6)$ schwächere Symmetrie eingeführt ($SU(6)_w$).

Im Rahmen der $SU(4)$ gehen wir von vier Quarks mit unterschiedlichem Flavor (u, d, s, c) aus. Das führt zu 16 Möglichkeiten der $q\bar{q}$-Bildung für jeden Wert von L und S bzw. J. Aus den u- und d-Quarks lassen sich ein Isospin-Triplett und ein Isospin-Singulett bilden (s. (4.7)):

$$\left.\begin{array}{l} \left.\begin{array}{ll} u\bar{d}; & I_3 = +1 \\[2ex] \dfrac{1}{\sqrt{2}}\left(u\bar{u} - d\bar{d}\right); & I_3 = 0 \\[2ex] d\bar{u}; & I_3 = -1 \end{array}\right\} \; I = 1 \\[6ex] \dfrac{1}{\sqrt{2}}\left(u\bar{u} + d\bar{d}\right) \quad I = I_3 = 0. \end{array}\right\} \tag{4.23}$$

Durch Einführung des s-Quarks kommen zwei Isospin-Dubletts und ein Isospin-Singulett hinzu:

$$\left.\begin{array}{l} \left.\begin{array}{ll} u\bar{s}, \; d\bar{s}; & Y = 1 \\[1ex] s\bar{u}, \; s\bar{d}; & Y = -1 \end{array}\right\} \; I = 1/2 \\[2ex] \quad s\bar{s} \qquad I = Y = 0. \end{array}\right\} \tag{4.24}$$

Führen wir als vierten Quark den c-Quark ein, so lassen sich weitere 7 Isospinzustände konstruieren. Alle 16 Zustände und die entsprechenden $SU(3)$- und $SU(2)$-Untergruppen, in die sich die $SU(4)$ zerlegen läßt, sind in Tabelle 4.2 zusammengefaßt.

Tabelle 4.2

Flavor-Inhalt der Mesonen			Darstellungen $SU(2)$ Isospin I	$SU(3)$
$u\bar{d}$ $\frac{1}{\sqrt{2}}\left(u\bar{u}-d\bar{d}\right)$		$d\bar{u}$	1	
$u\bar{s}$	$d\bar{s}$		1/2	
	$s\bar{d}$	$s\bar{u}$	1/2	[8]
$\frac{1}{\sqrt{2}}\left(u\bar{u}+d\bar{d}\right)$			0	
$c\bar{d}$	$c\bar{u}$		1/2	
$c\bar{s}$			0	$[\bar{3}]$
	$u\bar{c}$	$d\bar{c}$	1/2	
		$s\bar{c}$	0	[3]
	$s\bar{s}$		0	[1]
	$c\bar{c}$		0	[1]

Wie man aus Tab. 4.2 erkennt, enthalten die $SU(4)$-[15]-Pletts der Mesonen folgende $SU(3)$-Untergruppen:

$$[15] \supset [8] \oplus [\bar{3}] \oplus [3] \oplus [1]. \tag{4.25}$$

Diese $SU(3)$-Gruppen ihrerseits enthalten als $SU(2)$-Untergruppen:

$$\left.\begin{array}{l} [8] \supset [3] \oplus [2] \oplus [2] \oplus [1] \\ [\bar{3}] \supset [2] \oplus [1] \\ [3] \supset [2] \oplus [1] \\ [1] \supset [1]. \end{array}\right\} \tag{4.26}$$

Das $SU(3)$-Triplett [3] wird aus Mesonen mit der Charm-quantenzahl $C = -1$ und das Antitriplett [$\bar{3}$] aus Mesonen mit $C = +1$ gebildet.

Machen wir die Annahme, daß die Massen der u- und d-Quarks gleich sind und die starke Wechselwirkung zwischen ihnen unabhängig vom Flavor ist, so führt das zu einer exakten $SU(2)$-Symmetrie der starken Wechselwirkung, d. h. zur Isospin-Invarianz. Dehnen wir die gleichen Annahmen auch auf den s-Quark aus, so erhält man eine exakte $SU(3)$-Symmetrie der starken Wechselwirkung. Im Grenzfall, daß alle vier Quarks entartet sind, ergibt sich eine $SU(4)$-Symmetrie der starken Wechselwirkung. Die jeweils 15 Mesonen der [15]-Pletts müßten gleiche Massen besitzen. Eine Massendifferenz zwischen den Quarks würde selbst bei einer flavorunabhängigen starken Wechselwirkung zur $SU(4)$-Brechung führen.

Zu den $SU(3)$-Multipletts gehören zwei $I = 0$ Mesonenzustände. Der in Tab. 4.2 angegebene Flavor-Inhalt dieser beiden Zustände beruht auf der Annahme, daß der u- und d-Quark gleiche Massen besitzen und daß die Masse des s-Quarks größer ist als die des u- bzw. d-Quarks. Die Isospin-Eigenfunktionen der beiden $I = 0$ Zustände sind dann

$$\left.\begin{array}{l} \left|\dfrac{1}{\sqrt{2}}\left(u\bar{u} + d\bar{d}\right)\right\rangle \\[2em] |s\bar{s}\rangle. \end{array}\right\} \tag{4.27}$$

Eine solche Kombination bezeichnet man als ideale Mischung. Das entspricht in guter Näherung den experimentellen Beobachtungen der beiden $I = 0$ Zustände bei den Vektormesonen (ω- und Φ-Meson).

Dagegen bei den pseudoskalaren Mesonen, dem η- und dem η'-Meson, tritt eine starke Mischung beider Zustände (4.27) auf. Zwei zueinander orthogonale $SU(3)$-

Zustände lassen sich folgendermaßen definieren:

$$\left.\begin{aligned}\eta_0 &\equiv \frac{1}{\sqrt{3}}\left(u\bar{u} + d\bar{d} + s\bar{s}\right)\\[2mm]\eta_8 &= \frac{1}{\sqrt{6}}\left(u\bar{u} + d\bar{d} - 2s\bar{s}\right).\end{aligned}\right\} \qquad (4.28)$$

Die im physikalischen Experiment beobachteten Zustände sind dann

$$\left.\begin{aligned}\eta &= \eta_8 \cos\theta + \eta_0 \sin\theta\\[2mm]\eta' &= -\eta_8 \sin\theta + \eta_0 \cos\theta\end{aligned}\right\} \qquad (4.29)$$

Der Mischungswinkel θ ergibt sich aus den experimentellen Werten für die pseudoskalaren Mesonen zu $\theta = -(24 \pm 1)^0$. Der idealen Mischung (4.27) entspricht ein Mischungswinkel von $\theta \approx 35^0$.

Kurze Zeit nach der Entdeckung des J/Ψ-Mesons und des Ψ''-Mesons gelang der experimentelle Nachweis einiger weiterer Mesonen, die als $(c\bar{c})$-Zustände beschreibbar sind.

Betrachten wir zunächst nur Zustände des $(c\bar{c})$- oder Charmonium-Systems mit $L = 0$. Sind die Spins der beiden Quarks parallel orientiert (Orthocharmonium), so führt das zu Vektormesonen, sind sie antiparallel orientiert (Paracharmonium), erhalten wir pseudoskalare Zustände. Um die Eigenschaften der Zustände berechnen zu können, müssen einige weitere Annahmen gemacht werden. Die c-Quarks werden als so schwer angenommen, daß man zur Beschreibung des $c\bar{c}$-Systems die nicht-relativistische Schrödinger-Gleichung verwenden kann:

$$\Delta\psi + \frac{8\pi^2 m}{h^2}\left[E + V(r)\right]\psi = 0. \qquad (4.30)$$

Die zwischen den $q\bar{q}$-Paaren wirkende Kraft läßt sich durch verschiedene Potentialansätze nähern. In Abb. 22

ist das Niveauschema der $^3S_1$-Zustände für zwei unterschiedliche Potentialansätze gezeigt, wobei an jedem Niveau die radiale Anregung durch $n = 1, 2, \ldots$ angegeben ist.

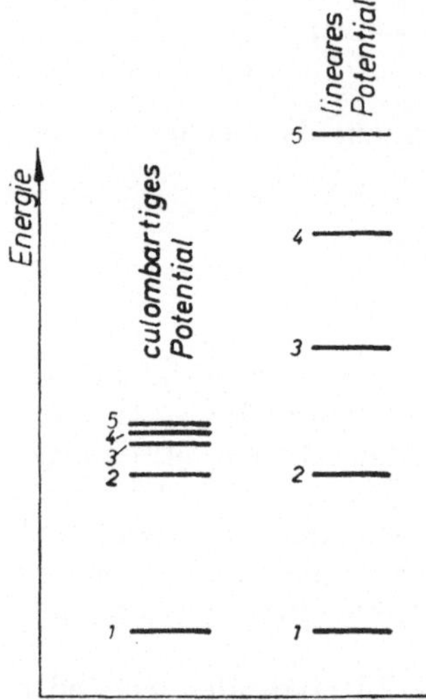

Abb. 22. Das Niveauschema der $^3S_1$-Zustände für ein coulombartiges attraktives Potential und für ein lineares attraktives Potential.

Für ein coulombartiges attraktives Potential, wie es zur Beschreibung des Wasserstoffatoms verwendet wird, gilt

$$V(r) = -\frac{A}{r} \quad \text{mit} \quad A > 0. \tag{4.31}$$

Für ein attraktives lineares Potential gilt

$$V(r) = Br \quad \text{mit} \quad B > 0. \tag{4.32}$$

Das coulombartige Potential führt zu einem Spektrum ähnlich dem des Wasserstoffatoms. Bei einer der Ionisationsenergie adäquaten Anregungsenergie des $c\bar{c}$-Systems müßten freie Quarks auftreten. Das widerspricht aber allen bisherigen Beobachtungen. Die unbegrenzte Bindung (Confinement) der Quarks im Hadron wird andererseits durch ein Potential vom Typ (4.32) gewährleistet.

Ein mehrfach benutzter phänomenologischer Potentialansatz

$$V(r) = -\frac{4}{3}\frac{\alpha_s}{r} + \frac{r}{a^2} \qquad (4.33)$$

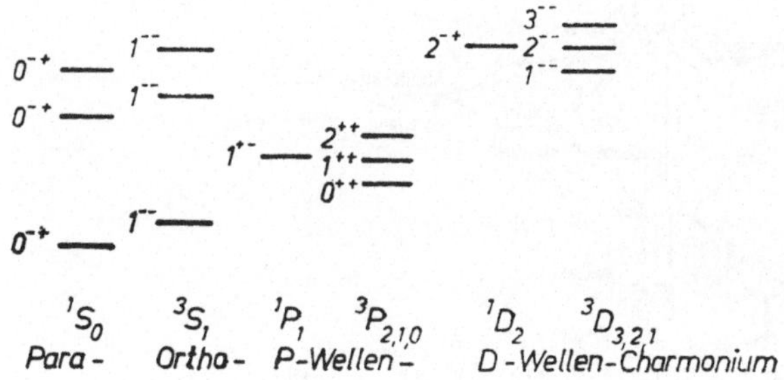

Abb. 23. Das Niveauschema für ein q-$\bar{q}$-Potential der Form

$$V(r) = -\frac{4}{3}\frac{\alpha_s}{r} + \frac{r}{a^2}.$$

führt zu dem in Abb. 23 gezeigten Niveau-Schema. Jedes Niveau ist durch seine Quantenzahlen J^{PC} mit $P = (-1)^{L+1}$ und $C = (-1)^{L+S}$ charakterisiert. Für jeden Wert der Bahndrehimpulsquantenzahl L gibt es zwei Bänder radial angeregter Zustände mit entgegengesetzten C-Werten, je nachdem, ob der Gesamtspin des $c\bar{c}$-Systems $S = 0$ oder 1 ist. Unter jedem Band radial angeregter Zustände befindet sich die spektroskopische Bezeichnung $^{2S+1}L_J$. In diesem Bild entsprechen das J/Ψ-Meson dem $1\,^3S_1$ und das Ψ'-Meson dem $2\,^3S_1$-Niveau. Die Existenz und die Quantenzahlen der Charmonium-Zustände sind Voraussagen des Modells. Sie sind im wesentlichen durch den Spin $s = 1/2$ der c-Quarks bestimmt. Die Massen der Zustände und die Übergänge zwischen den Niveaus hängen von der unbekannten Wechselwirkung zwischen den c-Quarks ab.

Aus den Zerfallsbreiten für den leptonischen Zerfall Γ_{ee} und für den hadronischen Zerfall Γ_h des J/Ψ-Mesons und des Ψ''-Mesons lassen sich die Parameter des Potentials (4.33) α_s und a berechnen. Man erhält für die Kopp-

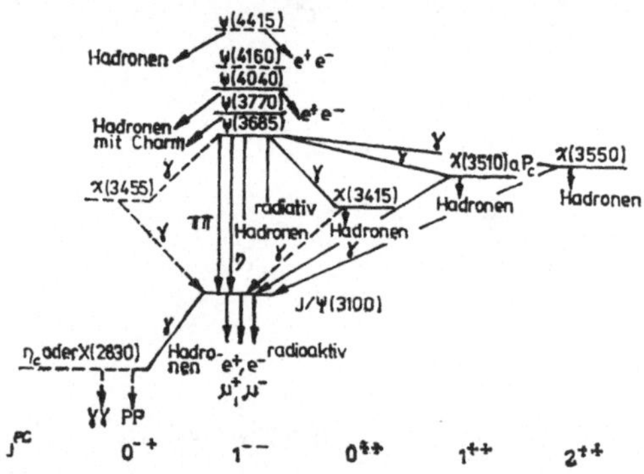

Abb. 24. Das experimentell beobachtete Niveauschema der Charmonium-Zustände. Sicher identifizierte Zustände und Übergänge sind durch ausgezogene Linien charakterisiert.

lungskonstante der starken q-q-Wechselwirkung $\alpha_s \approx 0{,}2$ und für $a \approx 2\,\text{GeV}^{-1}$. Nutzt man diese Parameterwerte zur Berechnung der Lage des $^3D_1$-Niveaus, so erhält man $3755\,\text{MeV}/c^2$. Der experimentelle Nachweis eines Vektormesons Ψ''' mit einer Masse von $m_{\Psi''} = 3770\,\text{MeV}/c^2$ war eine wesentliche Bestätigung des Charmonium-Modells. Der große Fortschritt, den die experimentelle Charmonium-Spektroskopie in den Jahren 1975—78 gemacht hat, dokumentiert Abb. 24. Sicher identifizierte Zustände und Übergänge sind durch ausgezogene Linien gekennzeichnet. Trotz der noch offenen Probleme ist die bisherige experimentelle Verifizierung der Charmonium-Zustände eine starke Unterstützung der Hypothese von der Existenz eines vierten Quarks. Andererseits legt die gute Übereinstimmung zwischen Experiment und Modell nahe, daß wenigstens die kurzreichweitig zwischen den Quarks wirkende Kraft den Verhältnissen im elektromagnetischen Feld ähnelt. Offenbar wird auch bei der starken Wechselwirkung die Kraft zwischen den Quarks durch den Austausch masseloser Vektorteilchen (Gluonen) vermittelt.

Außer den Charmonium-Zuständen, bei denen $C = 0$ ist, erwartet man das Triplett mit $C = -1$ und das Antitriplett mit $C = +1$ (siehe (4.25) bzw. Tabelle 4.2). Die leichtesten pseudoskalaren Mesonen mit Charm sind (s. Abb. 16):

$$\mathrm{D}^+ = \mathrm{c\bar{d}}; \quad \mathrm{D}^0 = \mathrm{c\bar{u}}; \quad \mathrm{F}^+ = \mathrm{c\bar{s}},$$

$$\mathrm{D}^- = \mathrm{\bar{c}d}; \quad \mathrm{\bar{D}}^0 = \mathrm{\bar{c}u}; \quad \mathrm{F}^- = \mathrm{\bar{c}s}.$$

In den Jahren 1976—78 gelang der sichere Nachweis dieser Mesonen mit Hilfe der Elektronenspeicherringe in Hamburg und Stanford. Als ergiebigste Quelle der D-Mesonen erwies sich dabei das Ψ''' (3770)-Meson. Es zerfällt zu je 50% in

$$\left. \begin{aligned} \Psi''' &\to \mathrm{D}^0 + \mathrm{\bar{D}}^0 \\ \Psi''' &\to \mathrm{D}^+ + \mathrm{D}^-. \end{aligned} \right\} \tag{4.34}$$

Der schwache Zerfall der D-Mesonen, in denen C nicht erhalten bleibt, führt bevorzugt zu Zerfallskanälen mit K-Mesonen wie beispielsweise:

$$\left. \begin{aligned} \mathrm{D}^0 &\to \mathrm{K}^-\pi^+ \\ &\to \mathrm{K}^0\pi^+\pi^- \\ &\to \mathrm{K}^-\pi^+\pi^+\pi^- \\ \mathrm{D}^+ &\to \mathrm{K}^0\pi^+ \\ &\to \mathrm{K}^-\pi^+\pi^+. \end{aligned} \right\} \tag{4.35}$$

Im Jahre 1977 berichteten L. LEDERMANN und Mitarbeiter über die Entdeckung eines neuen Teilchens, das sie als Ypsilon —Y — bezeichneten. Am Protonensynchrotron des Fermi-Laboratoriums untersuchten sie die Erzeugung von Muon-Paaren in den Reaktionen

$$p + (Cu, Pt) \rightarrow \mu^+ + \mu^- + \text{andere Teilchen} \quad (4.36)$$

bei einer Energie der Protonen von 400 GeV. Im $\mu^+\mu^-$-effektiven Massenspektrum zeigten sich über einem exponentiell abfallenden Untergrund zwei Maxima bei $m_Y = 9{,}4\,\text{GeV}/c^2$ und $m_{Y'} = 10{,}0\,\text{GeV}/c^2$. Nach Subtraktion des Untergrundes erhält man die in Abb. 25 in der oberen Kurve gezeigte Massenverteilung. Die Breite des Maximums bei $9{,}4\,\text{GeV}/c^2$ von $\approx 500\,\text{MeV}$ entspricht dem Massenauflösungsvermögen des Doppelarm-Spektrometers, mit dem die Messungen durchgeführt wurden.

Die Ähnlichkeit mit dem J/Ψ- und dem Ψ''-Meson legt die Vermutung nahe, daß das Y-Meson aus einem neuen Quark-Antiquark-System besteht. Eine wesentliche Information zur Sicherung dieser Hypothese war die Messung der Breite des Y und des Y'. Das gelang zwei experimentellen Gruppen am Elektronenspeicherring in Hamburg im Sommer 1978. Ihre Resultate sind in der unteren Kurve in Abb. 25 gezeigt und in Tabelle 4.3 zusammengefaßt.

Man bezeichnet den neuen Quark mit b (für bottom oder beauty). Trotz der großen Massendifferenz zwischen J/Ψ und Y sind die Massendifferenzen $m_{\Psi'} - m_{J/\Psi} \approx 590\,\text{MeV}/c^2$ und $m_{Y'} - m_Y \approx 560\,\text{MeV}/c^2$ nahezu gleich. Interpretiert man das Y-Meson als einen $1\,{}^3S_1$-Zustand und das Y'-Meson als einen $2\,{}^3S_1$-Zustand des $b\bar{b}$-Systems, so erhält man mit dem Potential (4.33) und den gleichen Werten der Parameter α_s und a für die Massendifferenz $m_{Y'} - m_Y \approx 420\,\text{MeV}/c^2$. Mit einem stärkeren coulombartigen Potentialanteil als beim $c\bar{c}$-System läßt sich der experimentelle Wert der Massendifferenz noch besser verifizieren.

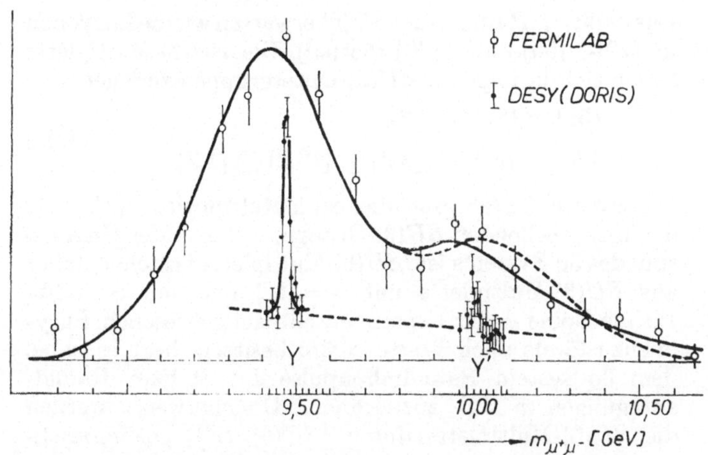

Abb. 25. Das effektive Massenspektrum $m_{\mu^+\mu^-}$ aus den Reaktionen
$p + A \rightarrow \mu^+ + \mu^- + X$ und $e^+e^- \rightarrow e^+e^-$.

Tabelle 4.3

	m [GeV/c^2]	Γ_{tot} [keV]	Γ_{ee} [keV]
Y-Meson	$9,46 \pm 0,01$	≈ 50	$1,3 \pm 0,2$
Y'-Meson	$10,02 \pm 0,02$		$0,34 \pm 0,13$

4.5. Baryonenspektroskopie

Die Quarkhypothese betrachtet jedes Baryon als
gebundenen Zustand dreier Quarks. Durch Zuordnung
des Spins 1/2 zu jedem Quark kommt ein räumlicher
Freiheitsgrad hinzu. An Stelle des Quark-Tripletts haben
wir von einem Sextett [6] auszugehen. Die entsprechende
Reduktionsformel der SU(6) hat die Form:

$$[6] \otimes [6] \otimes [6] = [20] \oplus [56] \oplus [70] \oplus [70]. \quad (4.36)$$

Das heißt, im Rahmen der $SU(6)$ erwarten wir die Baryonen in [20]-, [56]- und [70]-Pletts.[1]) Die $SU(6)$-Multipletts lassen sich in folgende $SU(3)$-Untergruppen zerlegen:

$$[56] \supset [8,2] \oplus [10,4]$$
$$[70] \supset [8,4] \oplus [8,2] \oplus [10,2] \oplus [1,2].$$

(4.37)

Die zweite Ziffer gibt die Spin-Multiplizität $(2S + 1)$ der entsprechenden $SU(3)$-Gruppe, wobei S der Gesamtspin des 3q-Systems ist. $SU(6)$-Multipletts bestehen daher aus $SU(3)$-Multipletts mit $S = 1/2$ und mit $S = 3/2$. Da die Spins J der experimentell nachgewiesenen Baryonenzustände auch Werte $> 3/2$ besitzen, liegt es nahe, dem 3q-System Bahndrehimpulse $L > 0$ bzw. Radialanregungen $n > 0$ zuzuordnen. Üblicherweise werden die $SU(6)$-Multipletts durch $[SU(6), L^P]_n$ gekennzeichnet.

Die gebundenen Zustände niedrigster Energie entsprechen einer $n = L = 0$ Konfiguration des 3q-Systems. Daher können im $[56,0^+]_0$-Multiplett nur ein Oktett mit $J^P = 1/2^+$ und ein Dekuplett mit $J^P = 3/2^+$ auftreten.

Einen Überblick über die experimentelle Situation vermittelt Abb. 26 für die bisher am besten untersuchten $SU(6)$-Multipletts $[56,0^+]_0$, $[70,1^-]_1$ und $[56,2^+]_2$. Sicher identifizierte Teilchen sind in den zugehörigen $SU(3)$-Multipletts als volle Kreise markiert. Die entsprechenden Teilchensymbole sind am Rande vermerkt. Das Überwiegen von N- und Δ-Zuständen unter den experimentell gesicherten Baryonen geht darauf zurück, daß sie nahezu ausschließlich in Formationsexperimenten identifiziert wurden. Der experimentelle Nachweis der Baryonen mit Strangeness $S \neq 0$ ist ungleich schwieriger.

Einen Überblick über alle $SU(6)$-Multipletts, auf deren Existenz experimentelle Daten hinweisen, gibt Tabelle 4.4.

---

[1]) Der experimentelle Nachweis der Baryonen des [20]-Pletts gelang bisher nicht, da diese Zustände keine Kopplung an πN- und $\overline{\mathrm{K}}$N-Zerfallskanäle besitzen. Dadurch ist ihre Beobachtung außerordentlich erschwert.

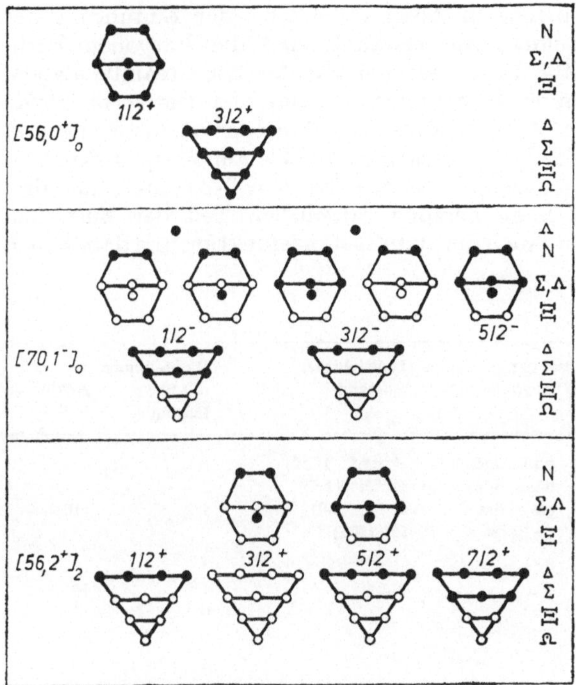

Abb. 26. Der $SU(3)$-Inhalt der drei $SU(6)$-Multipletts $[56,0^+]_0$ $[70,1^-]_1$ und $[56,2^+]_2$. Sicher identifizierte Zustände sind in den zugehörigen $SU(3)$-Multipletts als volle Kreise markiert.

Tabelle 4.4

SU(6)-Multiplett	Bemerkung
$[56,0^+]_0$	sicher, alle Zustände beobachtet
$[70,1^-]_1$	sicher, mehrere Zustände beobachtet
$[56,2^+]_2$	sicher, mehrere Zustände beobachtet
$[56,0^+]_2$	sicher, mehrere Zustände beobachtet
$[70,3^-]_3$	wahrscheinlich, einige Zustände beobachtet
$[70,2^+]_2$	wahrscheinlich, wenige Zustände beobachtet
$[56,4^+]_4$	wahrscheinlich, wenige Zustände beobachtet

Wie bereits in Abschnitt 4.2 bei der Einführung der Color-Quantenzahl erwähnt, sind die Baryonen Farb-Singuletts. Dazu muß der Farbteil der Gesamtzustandsfunktion des 3q-Systems ungerade sein. Der verbleibende Teil der Zustandsfunktion, d. h. der Raum-Spin- und Flavor-Teil, ist daher gerade. Wie am Beispiel des Δ^{++}-Baryons gezeigt, besitzen die $L = 0$-Zustände der drei Quarks einen geraden räumlichen Teil der Zustandsfunktion. Auch die Spin-Zustandsfunktion und damit auch

Tabelle 4.5

Flavor-Inhalt der $J^P = 3/2^+$-Baryonen				beobachteter Zustand	Darstellungen	
					$SU(2)$ Isospin	$SU(3)$
uuu	uud	udd	ddd	$\Delta^{++,+,0,-}(1232)$	3/2	
	uus	uds	dds	$\Sigma^{*+,0,-}(1385)$	1	
		uss	dss	$\Xi^{*0,-}(1530)$	1/2	[10]
			sss	$\Omega^-(1672)$	0	
uuc	udc	ddc			1	
	usc	dsc			1/2	[6]
		ssc			0	
ucc	dcc				1/2	[3]
	scc				0	
ccc					0	[1]

die Flavor- bzw. Isospin-Zustandsfunktion erweisen sich als gerade für die $J = S = 3/2$ Zustände.

Im Rahmen der $SU(4)$ gehen wir von vier Quarks mit unterschiedlichem Flavor (u, d, s, c) aus. Damit lassen sich 20 symmetrische Flavor-Zustandsfunktionen des 3q-Systems bilden. Diese sind für das $L = 0$ und das $J^P = 3/2^+$ Multiplett in Tabelle 4.5 zusammengestellt. Soweit sicher nachgewiesen, sind auch die Symbole der zugehörigen Baryonen aufgeführt (s. auch Abb. 16).

Ist $S = 1/2$ für das 3q-System, so enthält der Spinteil der Zustandsfunktion gerade und ungerade Zustände

(s. (4.7)). Also müssen auch die Flavor-Zustandsfunktionen entsprechende ungerade und gerade Zustände enthalten, damit die Zustandsfunktion (ohne den Farbteil) symmetrisch wird. Die Flavor-Zustandsfunktionen des $L = 0$ und $J^P = 1/2^+$-Multipletts sind in Tabelle 4.6 zusammengestellt. Dabei bedeutet $\{q_1q_2\} = \dfrac{1}{\sqrt{2}}(q_1q_2 + q_2q_1)$ = gerade und $[q_1q_2] = \dfrac{1}{\sqrt{2}}(q_1q_2 - q_2q_1)$ = ungerade bezüglich Flavor.

Tabelle 4.6

Flavor-Inhalt der $J^P = 1/2^+$-Baryonen			beobachteter Zustand	Darstellungen $SU(2)$ Isospin	$SU(3)$
	uud	udd	$N^{+,0}(939)$	1/2	
	uus	{ud} s dds	$\Sigma^{+,0,-}(1\,193)$	1	[8]
		[ud] s	$\Lambda(1\,115)$	0	
		uss dss	$\Xi^{0,-}(1\,317)$	1/2	
uuc	{ud} c	ddc		1	
	{us} c	{ds} c		1/2	[6]
		ssc			
	[us] c	[ds] c		1/2	[3]
	[ud] c			0	
ucc	dcc			1/2	[3]
	scc			0	

Betrachten wir als Beispiel die Konstruktion der Zustandsfunktion für Spin und Flavor des Protons mit $S_3 = J_3 = +1/2$. Dazu werden ein u- und ein d-Quark zu einem Paar mit $S = S_3 = 0$ zusammengefaßt. Wie aus (4.7) ersichtlich, entspricht dem aber die antisymmetrische Spin-Zustandsfunktion

$$\left| \frac{1}{\sqrt{2}}(\uparrow\downarrow - \downarrow\uparrow) \right\rangle$$

Also muß auch die Flavor-Zustandsfunktion des Quark-paares ungerade sein,

$$\left|\frac{1}{\sqrt{2}}\,(ud - du)\right\rangle,$$

damit wir bezüglich des ud-Paares eine gerade Zustands-funktion erhalten:

$$\frac{1}{\sqrt{2}}\,\frac{1}{\sqrt{2}}\,|ud - du\rangle\,|\uparrow\downarrow - \downarrow\uparrow\rangle$$

$$= \frac{1}{2}\,|u\uparrow d\downarrow - d\uparrow u\downarrow - u\downarrow d\uparrow + d\downarrow u\uparrow\rangle.$$

Addiert man jetzt den dritten Quark u mit seinem Spin $\uparrow$ und führt wieder eine vollständige Symmetrisierung durch, so erhält man als normalisierte Zustandsfunktion des Protons:

$$|p\rangle = \frac{1}{\sqrt{6}}\,|2u\uparrow u\uparrow d\downarrow - u\uparrow u\downarrow d\uparrow - u\downarrow u\uparrow d\uparrow\rangle. \tag{4.38}$$

Ein sicherer experimenteller Nachweis von Baryonen, die c-Quarks enthalten, ist bisher nicht gelungen. Es gibt einige Experimente, in denen Hinweise auf solche Zustände enthalten sind. Eine Identifizierung, d. h. die Bestimmung aller Quantenzahlen der betreffenden Teil-chen, war noch nicht möglich. Daher läßt sich gegen-wärtig auch noch nichts über den Wert der Gruppe $SU(8)$ zur Klassifizierung der Baryonen sagen.

Zur Berechnung des Energiespektrums der Baryonenzu-stände wird wie bei den Mesonen von der Annahme ausge-gangen, daß sich die Quarks im Baryon nicht relativistisch bewegen. Die Wechselwirkung zwischen den drei Quarks wird häufig durch ein harmonisches Oszillator-Potential beschrieben:

$$V(\boldsymbol{r}_i - \boldsymbol{r}_j) = \frac{1}{2}\,m\omega^2 \sum_{i<j} (\boldsymbol{r}_i - \boldsymbol{r}_j)^2,. \tag{4.39}$$

Die r_j sind die Ortsvektoren der Quarks. Wir beschränken uns der Einfachheit halber auf Baryonen mit Strangeness $S = 0$ und nehmen an, daß der u- und der d-Quark gleiche Massen besitzen: $m = m_\mathrm{u} = m_\mathrm{d}$. Verwendet man diesen Potentialansatz in der nichtrelativistischen Schrödinger-Gleichung und löst sie nach Einführung einer Schwerpunktskoordinate bzw. zweier Relativkoordinaten von Ort und Impuls, so erhält man ein Niveauschema der $S = 0$-Baryonen. Die ersten drei Niveaus dieses Spektrums sind in Tabelle 4.7 angegeben.

Tabelle 4.7

Zustand	$[SU(6), L^P]_n$	$[SU(3)]$ (Baryonen: $L_{2I,2J}$)
$n = 0$	$[56,0^+]_0$	$[8]^{1/2}(P_{11})$; $[10]^{3/2}(P_{33})$
$n = 1$	$[70,1^-]_1$	$[8]^{1/2}(D_{13}, S_{11})$; $[10]^{1/2}(D_{33}, S_{31})$
		$[8]^{3/2}(D_{15}, D_{13}, S_{11})$
$n = 2$	$[56,0^+]_2$	$[8]^{1/2}(P_{11})$; $[10]^{3/2}(P_{33})$
	$[56,2^+]_2$	$[8]^{1/2}(F_{15}, P_{13})$; $[10]^{3/2}(F_{37}, F_{35}, P_{33}, P_{31})$
	$[70,2^+]_2$	$[8]^{1/2}(F_{15}, P_{13})$; $[10]^{1/2}(F_{35}, P_{33})$
	$\cdot$	$[8]^{3/2}(F_{17}, F_{15}, P_{13}, P_{31})$
	$\cdot$	$\cdot$
	$\cdot$	

Die bisher sicher experimentell nachgewiesenen Baryonen mit $S = 0$ sind im Niveauschema von Abb. 27 zusammengefaßt. Die linke Seite der Abbildung zeigt die Lage der N- und Δ-Baryonen mit positiver Parität, die rechte Seite die der Zustände mit negativer Parität. Niveaus gleicher Parität lassen sich, wie in der Abbildung angedeutet, in Gruppen zusammenfassen. Vergleicht man diese Gruppen mit den durch das Quarkmodell mit harmonischem Oszillator-Potential vorausgesagten Niveaus in Tabelle 4.7, so erkennt man, daß die energetisch niedrigste Gruppe mit $P = +1$ dem $[56,0^+]_0$-Multiplett zuzuordnen ist. Die energetisch darüber liegende Gruppe mit $P = -1$ läßt sich eindeutig dem $[70,1^-]_1$-Multiplett zuordnen. Schwieriger wird die Aufteilung der weiteren Gruppen auf die verschiedenen $SU(6)$-Multipletts, die zu $n \geq 2$-Zuständen gehören.

Auch die $S = -1$- und $S = -2$-Baryonen lassen sich mit diesem Potentialansatz beschreiben. Das Quark-Modell mit einem harmonischen Oszillator-Potential

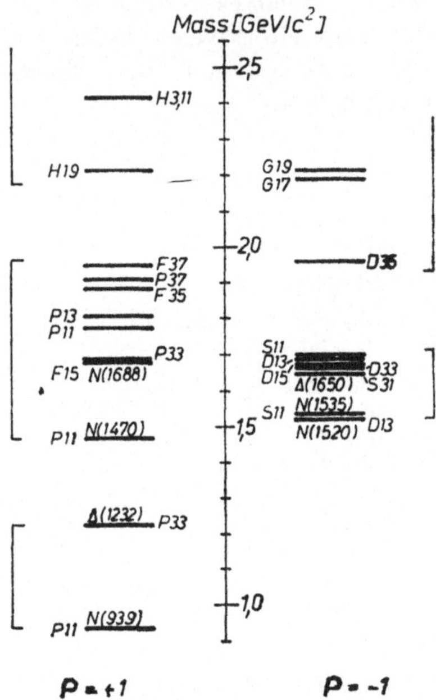

Abb: 27. Das Niveauschema der Baryonen mit $S = 0$ mit gerader ($P = +1$) und ungerader ($P = -1$) Parität.

gestattet also eine Zuordnung der Baryonen nicht zu großer Masse zu den $SU(6)$-Multipletts. Nach diesem Modell sollen Teilchen eines n-Zustands aber gleiche Massen besitzen. Wie Abb. 27 zeigt, liegen sie jedoch innerhalb ziemlich breiter Gruppen; d. h., die $SU(6)$-Symmetrie ist stark gebrochen.

4.6. Magnetische Momente, Quark-Massen

Da das Verhalten eines Elektrons im elektromagnetischen Feld durch die Bewegungsgleichung der relativistischen Quantenmechanik, die Dirac-Gleichung, beschrieben wird, erhält man für die Größe seines magnetischen Moments

$$\mu = g \cdot \mu_B \cdot \frac{1}{2} \cdot \tau$$

$$\left. \text{mit } g = 2 \text{, dem Landé-Faktor, und } \mu_3 = \mu_B = \frac{e\hbar}{2m_e c} \right\} \quad (4.40)$$

$$= 0{,}579 \cdot 10^{-14} \text{ MeV/Gauß,}$$

der positiven z-Komponente des magnetischen Momentvektors — dem Bohrschen Magneton — und τ, den Paulischen Spinmatrizen.

Diese Beziehung gilt auch für das magnetische Moment des Muons. Wären das Proton und Neutron punktförmige Dirac-Teilchen, so sollte man für ihre magnetischen Momente folgende Werte erwarten:

$$\mu_p = \frac{e\hbar}{2m_p c} = 1 \text{ K.M. (Kernmagneton),}$$

$$\mu_n = 0 \text{ K.M.} \qquad (4.41)$$

Experimentell wurde aber das magnetische Eigenmoment des Protons zu $\mu_p = +2{,}79$ K.M. bestimmt, wobei das Moment parallel zum Spin gerichtet ist. Für das magnetische Moment des Neutrons ergaben die Messungen $\mu_n = -1{,}91$ K.M., d. h., Spin und Moment sind antiparallel.

Die starke Abweichung zwischen den von der Dirac-Theorie vorausgesagten Werten und den Meßwerten demonstriert augenfällig, daß im Gegensatz zu den Leptonen die Nukleonen eine innere Struktur besitzen.

Nehmen wir an, daß die Quarks punktförmige Dirac-Teilchen sind, so müssen sie ein magnetisches Eigenmoment besitzen, und es gilt in Analogie zu (4.40) die Beziehung

$$\mu_q = Q_q \cdot \mu_q \cdot \tau_q$$

$$\text{mit } \mu_q = \frac{e\hbar}{2m_q c}. \tag{4.42}$$

Dabei sind Q_q die Ladungszahl und m_q die Masse der in den Hadronen gebundenen Quarks, über die wir zunächst nichts aussagen können. Der Einfachheit halber wird angenommen, daß $m_u = m_d$ ist.

Ferner wird die Annahme gemacht, daß sich die Quarks im Baryon nichtrelativistisch bewegen und daher das magnetische Moment eines Baryons als Vektorsumme der magnetischen Momente der Quarks bestimmt werden kann.

$$\mu_B = \sum_{i=1}^{3} \mu_i(q_i). \tag{4.43}$$

Das magnetische Moment des Baryons ist definiert durch den Erwartungswert von μ_3 bezüglich der Zustandsfunktion des Baryons $\psi_3(B)$ mit Spinorientierung in Richtung der positiven z-Achse:

$$\mu_B = (\psi_3(B) \, |\mu_3| \, \psi_3(B))$$

$$= \left(\psi_3(B) \left| \sum_{i=1}^{3} Q_i \frac{e\hbar}{2m_{qi} c} \tau_3(q_i) \right| \psi_3(B)\right). \tag{4.44}$$

Betrachten wir als Beispiel das Proton. Seine Zustandsfunktion ist in (4.38) gegeben. Ferner wird

$$\sum_{i=1}^{3} \mu_{qi} Q_i \tau_3(q_i) = \mu_q[2/3\tau_3(u) + 2/3\tau_3(u) - 1/3\tau_3(d)].$$

Berechnet man damit den Erwartungswert nach (4.44), so erhält man für das Proton

$$\mu_p = \mu_q = \frac{e\hbar}{2m_u c}. \tag{4.45}$$

Eine analoge Berechnung des magnetischen Moments des Neutrons ergibt

$$\mu_\mathrm{n} = -2/3\mu_\mathrm{q} = -\frac{2}{3}\frac{e\hbar}{2m_\mathrm{u}c}. \qquad (4.46)$$

Daraus folgt unmittelbar:

$$\frac{\mu_\mathrm{p}}{\mu_\mathrm{n}} = -\frac{3}{2} = -1{,}50. \qquad (4.47)$$

Verglichen mit dem experimentellen Verhältnis

$$\frac{\mu_\mathrm{p}}{\mu_\mathrm{n}} = \frac{+2{,}79}{-1{,}91} = -1{,}46 \qquad (4.48)$$

ergibt sich eine erstaunlich gute Übereinstimmung.

Fixiert man $\mu_\mathrm{p} = 2{,}79$ K.M. und berechnet nach (4.44) die magnetischen Momente der Hyperonen unter der Annahme einer strengen $SU(3)$-Symmetrie, d. h. $m_\mathrm{u} = m_\mathrm{d} = m_\mathrm{s}$ bzw. unter der Annahme $m_\mathrm{u} = m_\mathrm{d}$ und $m_\mathrm{u}/m_\mathrm{s} = 0{,}7$, so erhält man die in Tabelle 4.8 zusammengefaßten Resultate. Zum Vergleich sind in der letzten Spalte die experimentellen Werte gegeben. Trotz der teilweise noch großen experimentellen Fehler ist die Übereinstimmung zwischen Experiment und Modell gut.

Das magnetische Moment des Λ-Hyperons wurde kürzlich mit einer Genauigkeit von $\lesssim 1\%$ gemessen (Tabelle 4.8). Machen wir die naive Annahme, daß die Quark-Massendifferenz $m_\mathrm{s} - m_\mathrm{u}$ gleich der Massendifferenz der Baryonen $m_\Lambda - m_\mathrm{p}$ ist,

$$m_\mathrm{s} - m_\mathrm{u} = m_\Lambda - m_\mathrm{p} = 177 \text{ MeV}/c^2,$$

so erhält man für den Erwartungswert $\mu_\Lambda = -0{,}61$ K.M., d. h. eine beeindruckende Übereinstimmung innerhalb der sehr kleinen experimentellen Fehlergrenzen.

Benutzt man die experimentellen Werte der magnetischen Momente des Protons, des Neutrons und des Λ-Hyperons zur Berechnung der Quark-Massen, so erhält man die Werte:

$$m_u = m_d \approx 330\ \text{MeV}/c^2,$$
$$m_s \approx 505\ \text{MeV}/c^2. \tag{4.49}$$

Die beträchtlichen Massenunterschiede der Teilchen eines $SU(3)$- bzw. $SU(4)$-Multipletts zeigen, daß keine dieser Symmetrien exakt gültig ist. Die einfachste Annahme, die wir machen können, besteht in der Zurückführung der Massenaufspaltung in den Multipletts allein auf die Massendifferenz der in den Hadronen gebundenen Quarks:

$$m_u = m_d \mp m_c \mp m_s; \quad m_q = m_{\bar{q}}. \tag{4.50}$$

Vernachlässigt man die Bindungsenergien, so sind folgende elementare Mittelwertsbildungen naheliegend:

$$m_u = \frac{1}{6}\,[m_p + m_\Delta] = \frac{1}{6}\,[2m_u + m_d + 3m_u]$$

$$= 360 \text{MeV}/c^2,$$

$$m_s = \frac{1}{3}\,m_\Omega = \frac{1}{3}\,3m_s = 560\,\text{MeV}/c^2,$$

bzw. aus den Mesonenmassen:

$$m_u = \frac{1}{4}\,[m_\rho + m_\omega] = 309\,\text{MeV}/c^2,$$

$$m_s = \frac{1}{2}\,m_\Phi = 510\,\text{MeV}/c^2,$$

$$m_c = \frac{1}{2}\,m_{J/\Psi} = 1550\,\text{MeV}/c^2. \tag{4.51}$$

Damit lassen sich die Massen der S-Zustände der Hadronen unmittelbar berechnen. Man erhält beispielsweise

$$m_{K^*} = m_s + m_u = 900\,\text{MeV}/c^2;$$
$$\text{gemessen } m_{K^*} = 892\,\text{MeV}/c^2,$$

$$m_\Xi = 2m_s + m_u = 1480\,\text{MeV}/c^2;$$
$$\text{gemessen } m_\Xi = 1321\,\text{MeV}/c^2.$$

Tabelle 4.8

magnetisches Moment	Quark – Modell		Experiment in Einheiten von
	$\dfrac{m_u}{m_s} = 1$	$\dfrac{m_u}{m_s} = 0{,}7$	$\mu_B = 1$ K.M.
μ_p	2,79	2,79	$2{,}792782 \pm 0{,}000017$
μ_n	$-1{,}86$	$-1{,}86$	$-1{,}91304211 \pm 0{,}00000088$
$\mu\Sigma^+$	2,79	2,70	$2{,}33 \pm 0{,}13$
$\mu\Sigma^-$	$-0{,}93$	$-1{,}02$	$-1{,}48 \pm 0{,}37$
$\mu\Lambda$	$-0{,}93$	$-0{,}65$	$-0{,}614 \pm 0{,}005$
$\mu\Xi^0$	$-1{,}86$	$-1{,}49$	$-1{,}20 \pm 0{,}06$

Die Massen der in den Hadronen gebundenen Quarks, die wir aus den magnetischen Momenten der Baryonen berechneten, unterscheiden sich nur unwesentlich von den Massenwerten, die aus der einfachen Annahme der $SU(4)$-Symmetriebrechung durch die Quark-Massendifferenzen folgen.

Die experimentellen Daten der Hadronenspektroskopie weisen jedoch darauf hin, daß die Massendifferenz der Quarks zwar die bestimmende, aber nicht die einzige Ursache der $SU(4)$-Brechung ist.

Vergleicht man die Massen von Mesonen bzw. Baryonen mit gleichem Flavor-Inhalt, gleichem Bahndrehimpuls $L = 0$, aber unterschiedlichem Gesamtspin S wie z. B.

$$m_{K^*} - m_K = 399 \, \text{MeV}/c^2 \quad \text{bzw.} \quad m_\Delta - m_p = 293 \, \text{MeV}/c^2,$$

so zeigt sich, daß eine Änderung des Gesamtspins um eine Einheit zu einer Massendifferenz von einigen Hundert MeV/c^2 führt.

Wie in den vorhergehenden Abschnitten gezeigt, entsprechen die schwereren Hadronen mit hohen Werten von J angeregten Zuständen der Quarksysteme. Vergleicht man analoge $L = 0$ und $L = 1$ Zustände mit gleichem Flavor-Inhalt, so erhält man eine Massenaufspaltung von ca. 500 MeV/c^2, die näherungsweise unabhängig vom Flavor-Inhalt ist.

Eine weitere Massenaufspaltung zeigt sich für Zustände mit gleichem L und S, gleichem Flavor-Inhalt, aber verschiedenen J wie beispielsweise für das A_1- und das A_2-Meson.

4.7. *Exotische Zustände*

Alle bisherigen Betrachtungen der Quarkstruktur der Hadronen gingen davon aus, mit einer minimalen Zahl von qqq bzw. q$\bar{\text{q}}$ Baryonen und Mesonen als Farbsinguletts zu bilden. Zustände, die auf Grund ihrer Quantenzahlen aus mehr als den in der Quarkhypothese geforderten drei Quarks bzw. einem q$\bar{\text{q}}$-Paar aufgebaut sein müßten, bezeichnet man als exotische Baryonen bzw. Mesonen. Solche exotischen Zustände wären beispielsweise

i) $2q\,2\bar{q}$ — Baryonium-Mesonen

ii) $6q$ — Dibaryonen

iii) $4q\bar{q}$ — exotische Baryonen.

Wie in den beiden vorhergehenden Abschnitten 4.5 und 4.6 gezeigt wurde, lassen sich mit einfachen Annahmen über die Dynamik der Quarks die Hadronenspektren aller bisher sicher nachgewiesenen Zustände qualitativ beschreiben. Welche experimentellen Hinweise auf die Existenz exotischer Hadronen haben wir?

Vom experimentellen Standpunkt definiert man Baryonium als ein Meson, das eine starke Kopplung an ein Baryon-Antibaryon-($B\bar{B}$)-Paar besitzt. In Tabelle 4.9 sind die experimentellen Resultate einiger Experimente zusammengestellt, in denen Hinweise auf $B\bar{B}$-Zustände enthalten sind.

In keinem dieser und anderer Experimente ist es jedoch bisher möglich gewesen, die Quantenzahlen der Zustände zu messen. Der experimentelle Beweis des exotischen Charakters solcher Mesonen wäre der Nachweis ihres Zerfalls in Endzustände mit dem Isospin $I = 2$.

Auch auf die Existenz von Dibaryonen gibt es einige experimentelle Hinweise. Ein schlüssiger Beweis, der der Nachweis eines 6q-Systems mit exotischen Quantenzahlen wäre, steht bisher noch aus.

Seit vielen Jahren wird in Formationsexperimenten zwischen K^+-Mesonen und Nukleonen nach exotischen Baryonen mit Strangeness $S = +1$ gesucht. Die Daten sind nach wie vor unterschiedlich interpretierbar, so daß auch für die $4q\bar{q}$-Exotics ein Existenzbeweis nicht vorhanden ist.

Tabelle 4.9

Masse $m_{p\bar{p}}$ [MeV/c^2]	Γ [MeV]	Reaktion, in der ein Maximum beobachtet wurde
2204 ± 5	16^{+20}_{-16}	$\pi^- + p \rightarrow \pi^- + p + p + \bar{p}$
2020 ± 3	24 ± 12	
1936 ± 1	≈ 10	$p + \bar{p} \rightarrow p + \bar{p}$ $p + p \rightarrow \pi^+ + \pi^-$

Zusammenfassend läßt sich feststellen, daß es bisher keine experimentellen Beweise für die Existenz exotischer Zustände gibt. Andererseits schließen alle theoretischen Modelle über die Dynamik der Quarks exotische Hadronen ein. Sollten sie nicht existieren, so muß es in der Dynamik der Quarks eine bisher unbekannte Gesetzmäßigkeit geben, die ihre Existenz verbietet.

5. Theoretische Probleme

Im Laufe der Entwicklung der Elementarteilchenphysik wurden immer wieder Versuche unternommen, die beobachteten Erscheinungen im subatomaren Bereich durch eine geschlossene widerspruchsfreie Theorie zu beschreiben. Ziel solcher Bemühungen ist die Formulierung einer einheitlichen Theorie, die die schwache, elektromagnetische und starke Wechselwirkung umfaßt. Die Hoffnung, diese Aufgabe im Rahmen einer Quantenfeldtheorie zu lösen, beruht auf den Erfolgen der Theorie der Wechselwirkung von Elektronen und Positronen bzw. Muonen mit γ-Quanten, der Quantenelektrodynamik (QED). In dieser Theorie der Wechselwirkung des elektromagnetischen Feldes mit dem Spinorfeld der geladenen Teilchen ist die Wechselwirkung der Felder durch das Prinzip der minimalen, eichinvarianten Kopplung der elektrischen Ladung festgelegt.

In den vorhergehenden Kapiteln wurde auf die Bedeutung der in der Elementarteilchenphysik wirkenden Symmetrien und der damit verbundenen Erhaltungssätze hingewiesen. In den Symmetrien bzw. ihren Verletzungen kamen Eigenschaften der fundamentalen Teilchen und ihrer Wechselwirkungen zum Ausdruck, die von einer dynamischen Theorie berücksichtigt werden müßten. $SU(2)$- und $SU(3)$-Symmetrie stellen, wie wir gesehen haben, Invarianzen in einem abstrakten, nicht mit der Raum-Zeit-Struktur verbundenen mathematischen Raum dar. Die Interpretation solcher inneren Symmetrien, die als lokale Eichinvarianzen mit dem Raum-Zeit-Kontinuum in Beziehung gesetzt werden, führte in den letzten Jahren zu bemerkenswerten Fortschritten. Mittels einer Eichtheorie gelang die einheitliche Zusammenfassung der elektromagnetischen und der schwachen Wechselwirkungen. Um auch die Theorie der starken Wechselwirkung als Eichtheorie zu formulieren, entstand in den letzten Jahren die Quantenchromodynamik (QCD), die die eichinvariante Kopplung von hypothetischen Gluonfeldern an Quarkfelder beschreibt.

5.1. *Quantenelektrodynamik*

In der klassischen Punktmechanik wird, wie die Erfahrung zeigt, der Zustand eines Systems und sein Bewegungsablauf vollständig durch die Angabe aller

Koordinaten x_i und aller Geschwindigkeiten $\dot{x}_i$ bestimmt. Durch die Bewegungsgleichungen, die Differentialgleichungen zweiter Ordnung für die Funktion $x_i(t)$ sind, werden die Beschleunigungen mit den Koordinaten und den Geschwindigkeiten verknüpft.

Das Prinzip der kleinsten Wirkung erlaubt die allgemeinste Formulierung des Bewegungsgesetzes mechanischer Systeme. Nach diesem Prinzip wird jedes mechanische System durch eine Lagrange-Funktion $L(x, \dot{x}, t)$ charakterisiert. Die Lösungen der Bewegungsgleichungen, die die Koordinaten und die Geschwindigkeiten liefern, minimisieren die Wirkung

$$S = \int\limits_{t_1}^{t_2} L(x, \dot{x}, t)\, \mathrm{d}t, \qquad (5.1)$$

d. h., die Variation des Integrals muß verschwinden. Die Lösung des Variationsproblems führt auf die Euler-Lagrangeschen Gleichungen als die Bewegungsgleichungen des betrachteten Systems.

Die Diskussion von Invarianzeigenschaften kann an der Lagrange-Funktion selbst vorgenommen werden. Ist sie beispielsweise eichinvariant oder invariant gegenüber einer räumlichen Drehung des Systems (s. Kap. 2), so sind es auch die Bewegungsgleichungen und deren Lösungen. An der Lagrange-Funktion lassen sich alle hier wesentlichen Bestandteile einer Theorie studieren. In dieser Weise soll im folgenden vorgegangen werden.

Zuvor soll jedoch der Begriff „Feld" vorgestellt werden. Ein Feld läßt sich als mechanisches System auffassen, das die physikalischen Bedingungen in jedem Punkt des Raum-Zeit-Kontinuums beschreibt. Die Zahl der Freiheitsgrade des Feldes besitzt also die Mächtigkeit des Raum-Zeit-Kontinuums selbst. Die dynamischen Variablen eines durch ein Feld beschreibbaren Systems sind die Feldfunktionen $\Phi(x) = \Phi(x, t)$ und $\partial_\mu \Phi(x)$, wobei

$$\partial_\mu \equiv \frac{\partial}{\partial x^\mu} = \left(\frac{1}{c}\, \frac{\partial}{\partial t}, \nabla \right) \quad \text{und} \quad x^\mu = (x^0 = ct, x) \quad \text{gelten}$$

7*

soll.[1]) Die Bewegungsgleichungen lassen sich wie in der klassischen Mechanik durch Einführung einer passenden Lagrange-Dichte $\mathscr{L}(x) = \mathscr{L}\big(\Phi(x),\, \partial_\mu\Phi(x)\big)$ aus der Forderung

$$\delta S = \delta \int_{t_1}^{t_2} \mathscr{L}\big(\Phi(x),\, \partial_\mu\Phi(x)\big)\, \mathrm{d}^4x = 0 \qquad (5.2)$$

herleiten. Die Lagrange-Funktion, die die gleiche Rolle wie in der Punktmechanik spielt, ergibt sich als Volumenintegral über die Dichte

$$L \equiv \int_{-\infty}^{\infty} \mathrm{d}^3x\ \mathscr{L}(\Phi,\, \partial_\mu\Phi). \qquad (5.3)$$

Das Feld beschreibt den Zustand und den Bewegungsablauf des Systems, wobei folgende Korrespondenzen zur klassischen Mechanik gelten:

$$\begin{aligned} \Phi(x) &\leftrightarrow x \\ \partial_\mu\Phi(x) &\leftrightarrow \dot{x}. \end{aligned} \qquad (5.4)$$

Wegen dieser Korrespondenzen sollten beim Übergang zu Quantenfeldern auch die Funktionen $\Phi(x)$ und $\partial_\mu\Phi(x)$ den Heisenbergschen Vertauschungsrelationen genügen. So sind also beispielsweise $\Phi(x)$ und $\partial_\mu\Phi(x)$ nicht vertauschbar. Andererseits sind an raumartig zueinander liegenden Punkten, die nicht durch ein Lichtsignal verbunden werden können, die Felder vertauschbar. Für

---

[1]) Im folgenden wird die in der Theorie übliche Festlegung $\hbar = c = 1$ benutzt, d. h., die Geschwindigkeit ist dimensionslos und wegen $E = mc^2$ und $p = mv$ haben die Energie und der Impuls die Dimension der Masse:

$$[E] = [p] = [m].$$

Ferner erhalten Länge und Zeit die Dimension

$$[l] = [t] = [m^{-1}],$$

da $l = v \cdot t$ und $E \cdot t \sim \hbar$. Die Feinstrukturkonstante $\alpha = \dfrac{e^2}{\hbar c}$ wird als $\dfrac{e^2}{4\pi}$ geschrieben.

zeitartig zueinander liegende Punkte des Minkowski-Raumes gilt das nicht. Felder, die durch Teilchen mit halbzahligem Spin dargestellt werden, genügen wegen des Pauli-Prinzips Antikommutatoren, während Bosonenfelder, also Teilchen mit ganzzahligem Spin, durch Kommutatoren beschrieben werden. Diese Verabredungen bezeichnet man als Feldquantisierung.

Dadurch lassen sich die Felder nicht mehr als Funktionen (im Sinne von Zahlenmengen) mathematisch beschreiben. Sie können jedoch als Operatoren, die den jeweiligen Zustand des Feldes kennzeichnen, begriffen werden. Die Feldoperatoren besitzen direkt keine Bedeutung als beobachtbare Größen. Die Operatoren von Observablen sind aus den Feldoperatoren konstruierbar.

Untersuchen wir als nächstes das Verhalten eines skalaren Feldes $\Phi(x)$ gegenüber einer unitären Transformation

$$U(1) = e^{i\theta} \approx 1 + i\theta, \tag{5.5}$$

wobei θ unabhängig vom Raum-Zeit-Punkt x sei,

$$\Phi \to \Phi' = (1 + i\theta)\,\Phi = \Phi + \delta\Phi$$
$$\partial_\mu\Phi \to \partial_\mu{}'\Phi = (1 + i\theta)\,\partial_\mu\Phi. \tag{5.6}$$

Vorausgesetzt wird, daß die Lagrange-Dichte gegenüber der Transformation $U(1)$, die man wegen ihrer Unabhängigkeit von x als globale Eichtransformation bezeichnet, invariant ist:

$$\delta\mathscr{L}(\Phi, \partial_\mu\Phi) = \mathscr{L}' - \mathscr{L} = 0,$$

$$\delta\mathscr{L} = \frac{\partial\mathscr{L}}{\partial\Phi}\,\delta\Phi + \frac{\partial\mathscr{L}}{\partial(\partial_\mu\Phi)}\,\delta(\partial_\mu\Phi) \tag{5.7}$$

$$= \left[\frac{\partial\mathscr{L}}{\partial\Phi} - \partial_\mu\frac{\partial\mathscr{L}}{\partial(\partial_\mu\Phi)}\right]\delta\Phi + \partial_\mu\left[\frac{\partial\mathscr{L}}{\partial(\partial_\mu\Phi)}\,\delta\Phi\right] = 0.$$

Der erste Klammerausdruck verschwindet wegen der Gültigkeit der Euler-Lagrangeschen Gleichungen, während der zweite Summand nur Null wird, wenn man annimmt, daß

$$\partial_\mu j^\mu = 0 \tag{5.8}$$

mit

$$j^\mu = \frac{\partial \mathscr{L}}{\partial(\partial_\mu \Phi)}\, \Phi. \tag{5.9}$$

Dieser Vierervektor besitzt den Charakter eines Stroms des Feldes, für den dann der Erhaltungssatz (5.8) gilt. Das Verschwinden insbesondere der zeitlichen Komponente des Stromvektors bedeutet die Konstanz von θ. Mit der Symmetrie gegenüber der eindimensionalen Abelschen, d. h. vertauschbaren Transformationsgruppe $U(1)$ ist ein Erhaltungssatz für die Größe θ oder auch für den Strom j^μ verbunden. Diesen Zusammenhang bezeichnet man als Noethersches Theorem.

Das klassische elektromagnetische Feld wird durch die drei Komponenten des elektrischen Feldvektors E und die drei Komponenten des magnetischen Feldvektors H beschrieben. Diese Größen sind direkt meßbar. Die Gesamtheit der Komponenten der beiden Feldvektoren E und H läßt sich als Gesamtheit der Komponenten des antisymmetrischen Tensors $F_{\mu\nu}$ darstellen.[1]

Eine relativistisch invariante Lagrangesche Formulierung der Maxwell-Gleichungen des freien Strahlungsfeldes läßt sich durch Einführung des Vierervektor-Potentials $A^\mu = (V,\, A) = g^{\mu\nu}A_\nu$ erreichen. Die $A^\mu(x)$ lassen sich als unabhängige verallgemeinerte Koordinaten an jedem Punkt des Raumes auffassen. Das Viererpotential ist nicht direkt meßbar. Für das Po-

---

[1]) Der antisymmetrische Tensor zweiter Stufe hat die Komponenten

$$F^{\mu\nu} = {}^\mu\begin{bmatrix} 0 & E_1 & E_2 & E_3 \\ -E_1 & 0 & H_3 & -H_2 \\ -E_2 & -H_3 & 0 & H_1 \\ -E_3 & H_2 & -H_1 & 0. \end{bmatrix}$$

tential A_μ soll gelten:

$$F_{\mu\nu} = \partial_\nu A_\mu - \partial_\mu A_\nu. \tag{5.10}$$

Damit ist die Hälfte der Maxwell-Gleichungen erfüllt, denn dieser Zusammenhang liefert

$$\boldsymbol{E} = -\nabla V - \dot{\boldsymbol{A}}; \quad \boldsymbol{H} = \nabla \times \boldsymbol{A},$$

woraus die beiden Maxwell-Gleichungen folgen:

$$\nabla \times \boldsymbol{E} = -\dot{\boldsymbol{H}} \quad \text{und} \quad \nabla \cdot \boldsymbol{H} = 0. \tag{5.10a}$$

Die verbleibenden beiden anderen Maxwell-Gleichungen lauten in Abwesenheit von Ladungsquellen und Strömen

$$\partial_\mu F^{\mu\nu} = 0$$

oder

$$\nabla \cdot \boldsymbol{E} = 0 \quad \text{und} \quad \nabla \times \boldsymbol{H} = \dot{\boldsymbol{E}}. \tag{5.11}$$

Zu jeder Feldstärke $F^{\mu\nu}(x)$ existieren viele Potentiale $A_\mu(x)$, die sich nur durch eine Eichtransformation voneinander unterscheiden.

Die Feldgleichungen (5.10) und (5.11) lassen sich aus der Lagrange-Dichte $\mathscr{L}_\gamma$ des freien elektromagnetischen Feldes herleiten:

$$\mathscr{L}_\gamma = -\frac{1}{4} F_{\mu\nu} \cdot F^{\mu\nu} = -\frac{1}{2} (\partial_\nu A_\mu - \partial_\mu A_\nu) \cdot \partial^\nu \cdot A^\mu$$

$$= \frac{1}{2} (E^2 - H^2). \tag{5.12}$$

Die Lagrange-Dichte und die Feldgleichungen erweisen sich als invariant gegenüber der Substitution

$$A_\mu \to A_\mu + \partial_\mu f(x), \tag{5.13}$$

worin $f(x)$ eine beliebige Funktion von x und t ist. Man bezeichnet dieses Verhalten als Invarianz gegenüber einer Eichtransformation zweiter Art.

Die Bewegung eines Elektrons oder Muons mit der Ruhemasse m wird durch die Dirac-Gleichung

$$(i\gamma^\mu \partial_\mu - m)\, \psi = 0 \qquad (5.14)$$

beschrieben, worin $\psi(x)$ eine vierkomponentige Funktion von Raum und Zeit ist und die numerischen (4×4)-Matrizen γ^μ die Antikommutator-Beziehung

$$\gamma^\mu\gamma^\nu + \gamma^\nu\gamma^\mu = 2g^{\mu\nu} \qquad (5.15)$$

erfüllen. $g^{\mu\nu}$ ist der metrische Tensor

$$g^{00} = -g^{ii} = 1 \ (i = 1, 2, 3),$$
$$g^{\mu\nu} = 0 \ (\mu \neq \nu). \qquad (5.16)$$

In einer Feldtheorie des Spinorfeldes sind die $\psi(x)$ wiederum Operatoren, für die adäquate Antikommutator-Regeln gelten.

Die Lagrange-Dichte des freien Leptonenfeldes läßt sich durch

$$\mathscr{L}_e = \overline{\psi}(x)\,[i\gamma^\mu \partial_\mu - m]\,\psi(x) \qquad (5.17)$$

angeben, wobei $\overline{\psi}(x) = \psi^+ \gamma^0$ das adjungierte Dirac-Feld sei.

Die Lagrange-Funktion stellt einen Skalar dar. Daher erscheinen die Lösungen der Dirac-Gleichungen, die Spinoren, in den Lagrange-Dichten als Biprodukte, nämlich als Skalar $(\overline{\psi}\,1\,\psi)$, als Pseudoskalar $(\overline{\psi}\gamma_5\psi)$, als Vektor $(\overline{\psi}\gamma^\mu\psi)$, als Pseudovektor $(\overline{\psi}\gamma^\mu\gamma_5\psi)$ und als Tensor $(\overline{\psi}\sigma^{\mu\nu}\psi)$.[1] Jedes Biprodukt wird in der Lagrange-Dichte mit einem entsprechenden Operator derart multipliziert, daß das Produkt ein Skalar wird.

Die Lagrange-Dichten des freien Strahlungsfeldes (5.12) und des freien Leptonenfeldes (5.17) besitzen die

---

[1] Dabei ist $\gamma^5 = i\gamma^0\gamma^1\gamma^2\gamma^3 = \gamma_5$ und $\gamma_5^2 = 1$, bzw. $\sigma^{\mu\nu} = i/2(\gamma^\mu\gamma^\nu - \gamma^\nu\gamma^\mu)$.

Eigenschaften, die einer akzeptablen Theorie zugrunde liegen sollten:

— Sie ist relativistisch invariant,

— sie ist lokal, da sie eine Feldbeschreibung bis hin zu beliebig kleinen Raum-Zeit-Intervallen gestattet (die Wellenausbreitung ist durch lineare Differentialgleichungen beschreibbar),

— und sie ist kausal, d. h., bei Lorentz-invarianter Beschreibung durch kontinuierliche Variable x darf sich die Wechselwirkung in Raum und Zeit nicht schneller als mit Lichtgeschwindigkeit ausbreiten (Mikrokausalität).

Die Felder sind gequantelt und das Spinorfeld genügt dem Pauli-Prinzip.

Eine Theorie der freien Felder allein ist physikalisch ohne Bedeutung. Die physikalischen Erscheinungen werden nur durch die Wechselwirkungen zwischen verschiedenen Feldern sichtbar. Im nächsten Schritt ist daher das eigentliche Problem der QED, die Wechselwirkung beider Felder zu beschreiben.

Die Dirac-Gleichung für die Bewegung eines Elektrons oder Muons im elektromagnetischen Feld erhält man bekanntlich durch die Substitution

$$\partial_\mu \to D_\mu \equiv \partial_\mu - ieA_\mu \tag{5.18}$$

in der Bewegungsgleichung (5.14) des freien Leptons. Sie geht damit in folgende Gleichung über:

$$(i\gamma^\mu\,\partial_\mu - m)\,\psi(x) + e\gamma^\mu\psi(x)\,A_\mu = 0. \tag{5.19}$$

Die Substitution (5.18) führt zu folgender Lagrange-Dichte:

$$\mathscr{L}_e \to \mathscr{L}_e + \mathscr{L}_w \tag{5.20}$$

mit

$$\mathscr{L}_w = e\overline{\psi}\gamma^\mu\psi A_\mu \equiv ej^\mu(x)\,A_\mu(x). \tag{5.21}$$

Die Maxwell-Gleichungen für das elektromagnetische Feld mit Ladungsträgern haben demzufolge die bekannte Form

$$\partial^\mu F_{\mu\nu} = ej^\mu(x).$$
(5.22)

Die Feldgleichungen (5.19) und (5.22) des mit dem Spinorfeld gekoppelten Strahlungsfeldes lassen sich also aus einer Lagrange-Dichte herleiten, die sich additiv aus den Lagrange-Dichten der freien Felder und einem Wechselwirkungsterm $\mathscr{L}_w$ zusammensetzt:

$$\mathscr{L} = \mathscr{L}_\gamma + \mathscr{L}_e + \mathscr{L}_w = -\frac{1}{4}\,F_{\mu\nu}(x)\,F^{\mu\nu}(x)$$

$$+\,\bar{\psi}(x)\,(i\gamma^\mu\,\partial_\mu - m)\,\psi(x) + ej^\mu(x)\,A_\mu(x).$$
(5.23)

Die Lagrange-Dichte $\mathscr{L}_w$ beschreibt die lokale Wechselwirkung der Spinoren- und Photonen-Felder am selben Punkt x. Da das Strahlungsfeld Vektorcharakter hat, ist es mit einem Biprodukt mit Vektorcharakter gekoppelt. Die Lagrange-Dichten und die zugehörigen Feldgleichungen erweisen sich als invariant gegenüber den Eichtransformationen

$$\psi \to e^{ief(x)}\cdot\psi(x);\quad \bar{\psi}\to e^{-ief(x)}\cdot\bar{\psi}(x)$$

und

$$A_\mu(x) \to A_\mu + \partial_\mu f(x)$$
(5.24)

Aus dem Noetherschen Theorem folgt damit die Erhaltung des Leptonenstromes

$$\partial_\mu j^\mu(x) = 0.$$
(5.25)

Die Eichinvarianz ist ein grundlegendes Prinzip der elektromagnetischen Wechselwirkungen, das zwei wichtige Konsequenzen hat,

a) die Ladungserhaltung;

b) die Existenz eines masselosen Vektorteilchens, des Photons.

Die beste experimentelle Bestätigung der Ladungserhaltung ist das Fehlen ladungsverletzender Zerfallsprozesse. So wurde beispielsweise der untere Grenzwert der Lebensdauer des Zerfalls $e^- \to \nu_e + \gamma$ zu $\tau_e > 4 \cdot 10^{22}$ Jahren bestimmt.

Die Bestimmung der oberen Grenze der Ruhemasse des Photons ist beispielsweise aus dem Coulomb-Gesetz möglich. Wäre $m_\gamma \neq 0$, so müßte man das Coulomb-Potential durch folgende Substitution ersetzen (Yukawa-Potential):

$$\frac{e^2}{r} \to \frac{e^2}{r} \exp\left(-m_\gamma r\right). \qquad (5.26)$$

Die experimentelle Prüfung ergab $m_\gamma/m_e < 10^{-16}$. Die Eichinvarianz ist in der QED exakt gültig.

Wegen der großen Bedeutung für die Entwicklung einer einheitlichen Theorie der schwachen und der elektromagnetischen Wechselwirkung soll der wesentliche Gesichtspunkt der vorstehenden Überlegungen nochmals wiederholt werden.

Durch Vorgabe eines freien Dirac-Feldes $\mathscr{L}_e(\psi, \partial_\mu \psi)$ und der Annahme, daß es nur solche Wechselwirkungen mit dem Strahlungsfeld $\mathscr{L}_\gamma(A_\mu)$ eingeht, bei denen die Ladung erhalten bleibt (Eichinvarianz (5.24)), ist es notwendig, die partielle Differentiation ∂_μ durch die kovariante Differentiation

$$D_\mu = \partial_\mu - ieA_\mu \qquad (5.27)$$

zu ersetzen. Aus der Lagrange-Dichte des freien Spinorfeldes erhält man dann die Lagrange-Dichte $\mathscr{L}_w$ der Wechselwirkung.

Die Dynamik wechselwirkender Teilchen, die im Experiment beobachtet werden, erfordert die Konstruktion und Auswertung der Matrixelemente, die das dynamische Verhalten der Teilchen beschreiben. Um für konkrete Reaktionen die Übergangswahrscheinlichkeiten zu bestimmen, ist mit Hilfe von $\mathscr{L}_w$ bzw. des entsprechenden Hamilton-Operators die störungstheoretische Entwicklung der Matrixelemente notwendig.[1]) Der Entwicklungsparameter der Störungstheorie ist die Feinstrukturkonstante $\alpha = e^2/4\pi \approx 1/137$, die als Kopplungskonstante die Stärke der elektromagnetischen Wechselwirkung angibt. Die störungstheoretische Entwicklung stellt eine unendliche Reihe von Matrixelementen in Potenzen von α dar. Die einzelnen Glieder der Reihe können mit Hilfe der sogenannten Feynman-Regeln konstruiert werden. Sie geben eine Zuordnung von mathematischen Ausdrücken zu graphischen Bildern, die gleichzeitig intuitiv den Ablauf der Wechselwirkung beschreiben. So stellt beispielsweise die gerade Linie ——→—— ein einlaufendes Elektron und eine Wellenlinie mit einem Anfangs- und Endpunkt ·〜〜〜· die Emission und Absorption eines Photons dar. Die Compton-Streuung $\gamma + e^- \rightarrow \gamma + e^-$ wird in niedrigster, d. h. in zweiter Ordnung, durch den Feynman-Graphen

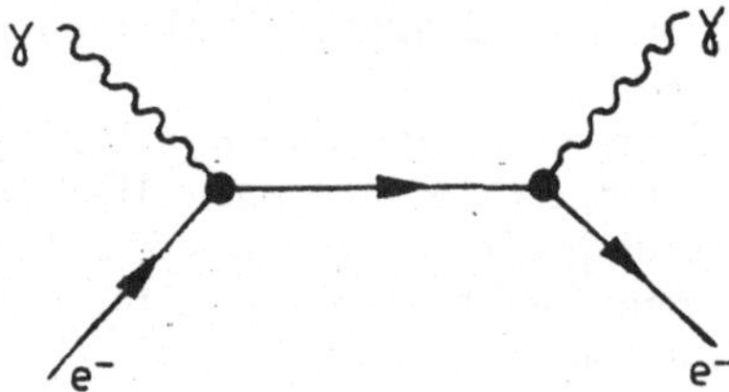

beschrieben. Die Ordnung eines Graphen ist durch die Zahl der Eckpunkte (Vertexpunkte) gegeben. An jedem Vertex tritt die Kopplungskonstante als $\sqrt{\alpha}$ auf.

Auf die mathematische Struktur der Feynman-Regeln wird im einzelnen nicht weiter eingegangen. Wichtig

---

[1]) Die Übergangswahrscheinlichkeit W und damit der Wirkungsquerschnitt einer Wechselwirkung, die einen Anfangszustand i in einen Endzustand f überführt, ist durch

$$W = \frac{2\pi}{\hbar}\, |M_{if}|^2 \, \varrho$$

gegeben. Darin ist M_{if} das lorentzinvariante Matrixelement und ϱ ein Phasenraumfaktor.

ist folgendes: da $\alpha \ll 1$ ist, nimmt mit wachsender Ordnung die relative Stärke der Beiträge ab. Bei der Berechnung der Matrixelemente vieler Reaktionen, wie z. B. der Compton-Streuung oder der Bremsstrahlung, ergibt bereits die niedrigste Ordnung eine gute Übereinstimmung mit dem Experiment.

Um höhere Ordnungen dieser Prozesse oder andere Effekte, wie etwa die geringfügige Anomalie des magnetischen Moments des Elektrons $[a_e = 1/2(g - 2)]$ (s. Kap. 4.7), zu berechnen, reichen die niedrigsten Näherungen nicht aus. Die Teilchen gehen außerdem Wechselwirkungen mit sich selbst ein. Diese Anteile müssen bei der Berechnung höherer Ordnungen berücksichtigt werden. So kann ein Photon durch Paarerzeugung in ein e^+e^--Paar übergehen, das sofort wieder vernichtet wird. Dieser Prozeß läßt sich folgendermaßen durch einen Graphen symbolisieren:

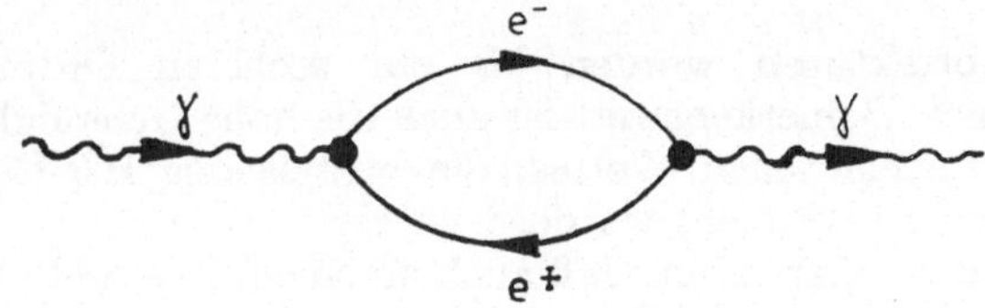

Ein anderes Beispiel einer Selbstwechselwirkung ist die Emission und sofortige Reabsorption eines Photons durch ein Elektron:

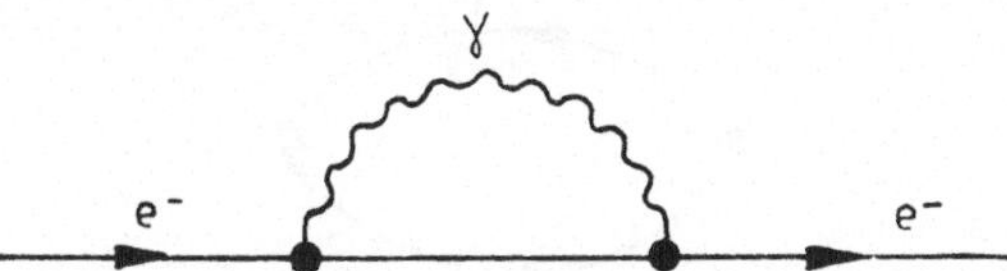

Rücken nun die beiden Vertexpunkte im Raum-Zeit-Kontinuum zusammen, so müssen wegen der Unbestimmtheitsrelation die Viererimpulse der virtuellen Teilchen unbeschränkt wachsen. Die zugehörigen Matrixelemente werden ebenfalls unendlich, und man erhält physikalisch sinnlose Ergebnisse.

Diese Divergenzen lassen sich dadurch verhindern, daß eine Größe von der Dimension einer Länge (oder Masse) eingeführt wird, die ein unbegrenztes Näherrücken der Vertices verhindert. Das damit verbundene mathematische Verfahren bezeichnet man als Renormierung, die einzuführende nicht ·dimensionale Konstante als Renormierungskonstante.

Die Renormierungsprozedur stellt ein eindeutiges, stets in gleicher Weise wiederholbares Verfahren dar. Die logische Konsistenz der QED wird dadurch nicht beeinträchtigt. Welche außerordentlich gute Übereinstimmung zwischen Voraussagen der QED und dem Experiment erreicht wurde, zeigt das Beispiel der Anomalie des magnetischen Moments.

Theorie: $\qquad a_e = 1\,159\,652\,359(282) \cdot 10^{-12}$,

Experiment: $\quad a_e = 1\,159\,652\,410(200) \cdot 10^{-12}$.

Die Korrekturen wurden bis zur sechsten Ordnung berechnet. Bemerkenswert ist auch die hohe Genauigkeit des experimentellen Wertes, die mittels der HF-Resonanzmethode erreicht wurde.

Es sei noch erwähnt, daß auch zu einem Zustand ohne äußere Teilchen, dem Vakuumzustand, Beiträge gehören, die durch die Erzeugung und Vernichtung eines e^+e^--Paares beschreibbar sind.

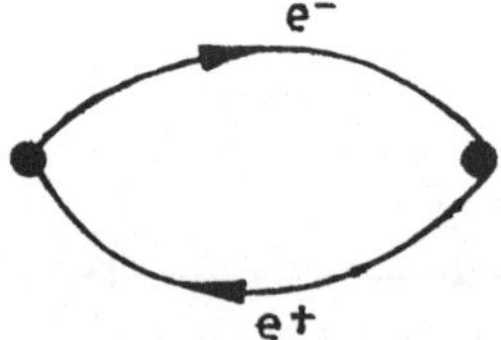

Anteile dieser Art liefern nicht verschwindende Vakuum-Erwartungswerte, die in einer nicht renormierbaren Theorie unendlich werden können.

Die hier in ihren für das Weitere wesentlichen Akzenten umrissene QED ist eine abelsche eichinvariante Theorie.

5.2. *Phänomenologie der schwachen Wechselwirkung*

In der Einleitung wurden die beobachteten Leptonen, das Muon μ und das zugehörige Neutrino ν_μ bzw. das Elektron e und das zugehörige Neutrino ν_e, eingeführt. Diese Leptonen haben den Spin 1/2 und verhalten sich in allen bisher untersuchten elektromagnetischen und schwachen Wechselwirkungen als punktförmige Teilchen. Wir betrachten die beiden Neutrinos ν_μ und ν_e als masselose, aber verschiedene Teilchen. Experimentell wurden für die Massen der Neutrinos folgende Grenzwerte ermittelt:

$$m_{\nu_e} < 6 \cdot 10^{-5}\ \mathrm{MeV}/c^2\,; \quad m_{\nu_\mu} < 0{,}65\ \mathrm{MeV}/c^2. \quad (5.28)$$

Daß beide Neutrinos verschieden sind, folgt etwa aus der Beobachtung der Reaktion

$$\nu_\mu + \mathrm{n} \to \mu^- + \mathrm{p}, \quad (5.29)$$

während die bei einer Gleichheit beider Neutrinos zu erwartende Reaktion

$$\nu_\mu + \mathrm{n} \to \mathrm{e}^- + \mathrm{p} \quad (5.29\,\mathrm{a})$$

nie beobachtet wurde. Das ν_μ entsteht beim Zerfall des Pions ($\pi^+ \to \mu^+ + \nu_\mu$), während das Elektron-Antineutrino etwa im β-Zerfall gemeinsam mit einem Elektron erscheint.

In allen experimentell untersuchten Reaktionen zeigt sich, daß die Leptonen nur in Paaren erzeugt oder vernichtet werden. Durch Einführung zweier Arten von Leptonenzahlen, wiederum additiven Quantenzahlen, läßt sich dieser Beobachtung Rechnung tragen. Den Leptonen werden folgende Leptonenzahlen zugeordnet:

Lepton	L_e	Lepton	L_μ
e^-, ν_e	$+1$	μ^-, ν_μ	$+1$
$\mathrm{e}^+, \bar{\nu}_e$	-1	$\mu^+, \bar{\nu}_\mu$	-1

Die schwache Wechselwirkung verursacht nicht nur Teilchenzerfälle wie etwa den β-Zerfall, sondern auch die Reaktionen der Art (5.29). Die Wirkungsquerschnitte dafür sind sehr klein, verglichen mit denen von Prozessen der starken Wechselwirkung. Die mittlere Lebensdauer eines schwachen Zerfalls unterschreitet nicht 10^{-15} s, während die mittlere Lebensdauer stark zerfallender Teilchen um 10^{-23} s beträgt.

Einen Überblick über die unterschiedlichen Gruppen schwacher Prozesse gibt Tabelle 5.1.

Tabelle 5.1

Reaktion	Bemerkung
1a) $\mu^- \to e^- + \bar{\nu}_e + \nu_\mu$	
b) $\nu_\mu + e^- \to \nu_e + \mu^-$	leptonische Prozesse
c) $\nu_\mu + e^- \to \nu_\mu + e^-$	
2a) $n \to p + e^- + \bar{\nu}_e$	
b) $\nu_\mu + n \to p + \mu^-$	semileptonische Prozesse
c) $\nu_\mu + p \to \nu_\mu + p$	mit $|\Delta Y| = 0$
3a) $\Lambda \to p + e^- + \bar{\nu}_e$	
b) $K^+ \to \mu^+ + \nu_\mu$	semileptonische Prozesse
c) $K^0 \to \mu^+ + \mu^-$	mit $|\Delta Y| = 1$
4) $\Lambda \to p + \pi^-$	hadronischer schwacher Prozeß mit $|\Delta Y| = 1$

In den leptonischen Prozessen der Gruppe 1 sind nur Elektronen, Muonen und Neutrinos beteiligt. Die Reaktionen 1a) und 1b) (aber auch die Reaktionen a) und b) der nachfolgenden Gruppen) sind durch eine Änderung der Ladung um $\pm$ e innerhalb eines Leptonenpaares der gleichen Art charakterisiert, also $e\nu_e$ in 1a), 1b), 2a) und 3a), $\mu\nu_\mu$ in 2b) und 3b). Prozesse dieser Art bezeichnet man als Reaktionen, die über geladene Ströme verlaufen.

Im Jahre 1973 wurden in einem Experiment mit der Blasenkammer Gargamelle zum Studium von Neutrino-

Reaktionen ein Ereignis des Prozesses $\bar{\nu}_\mu + e^- \rightarrow \bar{\nu}_\mu + e^-$ und Ereignisse der Reaktion 2c) nachgewiesen. In den folgenden Jahren wurden in voneinander unabhängigen Experimenten weitere Ereignisse dieser Art gefunden. Damit war bewiesen, daß neben Prozessen, die über geladene Ströme ablaufen, auch Reaktionen vorkommen, in denen sich der Ladungszustand des Leptonenpaares nicht ändert. Man spricht von Reaktionen, die über neutrale Ströme verlaufen.

Die Gruppen 2) und 3) in Tabelle 5.1 präsentieren einige Beispiele von schwachen Prozessen, die unter Beteiligung von Hadronen ablaufen. Man bezeichnet sie als semileptonische Prozesse. Die Prozesse der Gruppe 2) sind dadurch gekennzeichnet, daß sich die Hyperladung Y des schwach wechselwirkenden Hadrons nicht ändert, während in Gruppe 3) die Hyperladung des beteiligten Hadrons sich um $|\Delta Y| = 1$ ändert. Schwache Prozesse, in denen sich die Hyperladung um $|\Delta Y| = 2$ ändert, wurden nicht gefunden.

Reaktion 4) ist ein Beispiel einer schwachen Wechselwirkung, an der nur Hadronen beteiligt sind. Diese Prozesse sind nur beobachtbar, wenn die starke Wechselwirkung verboten ist.

Phänomenologisch kann die schwache Wechselwirkung als 4-Fermionen-Wechselwirkung verstanden werden. So geht beispielsweise beim β-Zerfall des Neutrons (Reaktion 2a) in Tabelle 5.1 das Neutron unter Ladungsänderung in ein Proton über und es entsteht das Leptonenpaar e^-, $\bar{\nu}_e$. Ähnlich verläuft die Reaktion 2b. Die zugehörigen Feynman-Graphen sind:

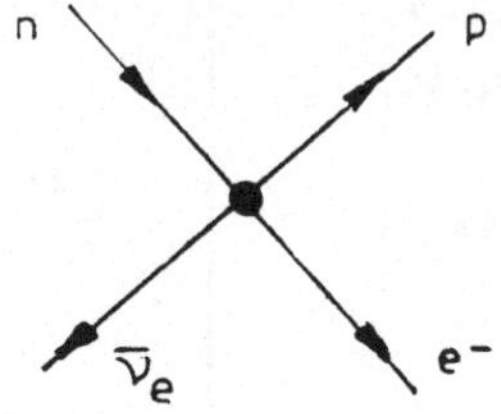

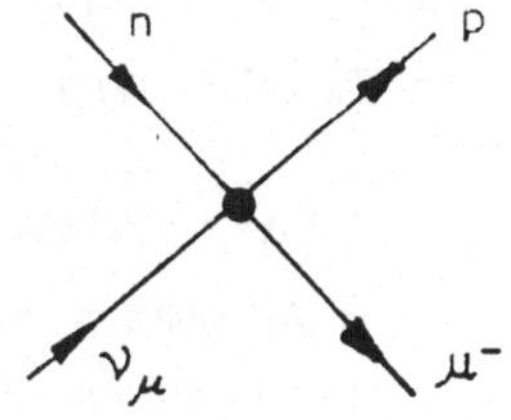

Bei der so interpretierten schwachen Wechselwirkung berühren sich am Vertex 4 Fermionen. Jeweils zwei solcher Linien gleichen Charakters (leptonisch bzw. hadronisch) repräsentieren einen Fermionen-Strom, der wie in der QED durch das Biprodukt zweier Spinoren ausgedrückt werden kann. Es gibt also beim β-Zerfall einen schwachen Hadronenstrom J_μ und einen Leptonenstrom j_μ. Die Lagrange-Dichte der Wechselwirkung erhält man als Produkt der Summe $j_w = (J_\mu + j_\mu)$ beider Ströme unter Multiplikation mit einer Kopplungskonstanten $G/\sqrt{2}$, die sich für die verschiedenen schwachen Prozesse als universell erwiesen hat:

$$\mathscr{L} = \frac{G}{\sqrt{2}}\, j_w j_w^+, \tag{5.30}$$

wobei j_w^+ der hermitesch konjugierte Strom ist und G experimentell zu $G = 10^{-5}/m_\mathrm{p}^2$ bestimmt wurde.

Eine schwache Wechselwirkung als Produkt zweier Ströme wurde erstmalig 1934 von FERMI zur Beschreibung des β-Zerfalls vorgeschlagen. In Analogie zum elektromagnetischen Strom nahm er an, daß auch die schwachen Ströme Vektorcharakter besitzen: $\overline{\psi}_\mathrm{e}\gamma_\mu\psi_{\nu_\mathrm{e}}$ und $\overline{\psi}_\mathrm{p}\gamma_\mu\psi_\mathrm{n}$.

Seit der Entdeckung der Nichterhaltung der Parität in schwachen Wechselwirkungen, die sich bei den geladenen Strömen als maximal erwies, ist bekannt, daß der Kopplungscharakter des Stroms der Mischung eines Vektors $V(\gamma_\mu)$ mit einem Pseudovektor $A(\gamma_\mu\gamma_5)$ entspricht. Der geladene und der neutrale Leptonenstrom hat damit die Form:

$$\begin{aligned}
j_\mu^+ &= \overline{\psi}_{\nu_\mathrm{e}}\gamma_\mu(1-\gamma_5)\,\psi_\mathrm{e} + \overline{\psi}_{\nu_\mu}\gamma_\mu(1-\gamma_5)\,\psi_\mu \\[4pt]
j_\mu^- &= \overline{\psi}_\mathrm{e}\gamma_\mu(1-\gamma_5)\,\psi_{\nu\mathrm{e}} + \overline{\psi}_\mu\gamma_\mu(1-\gamma_5)\,\psi_{\nu_\mu} \\
&\text{und} \\
j_\mu^0 &= \overline{\psi}_{\nu_\mathrm{e}}\gamma_\mu(1-\gamma_5)\,\psi_{\nu_\mathrm{e}} + \overline{\psi}_{\nu_\mu}\gamma_\mu(1-\gamma_5)\,\psi_{\nu_\mu} \\
&\quad + g_r(\overline{\psi}_\mathrm{e}\gamma_\mu\psi_\mathrm{e} + \overline{\psi}_\mu\gamma_\mu\psi_\mu) \\
&\quad + g_A(\overline{\psi}_\mathrm{e}\gamma_\mu\gamma_5\psi_\mathrm{e} + \overline{\psi}_\mu\gamma_\mu\gamma_5\psi_\mu)
\end{aligned} \tag{5.31}$$

Die Konstanten g_v und g_A sind durch das Experiment zu ermitteln.

Eine einfache Methode zum Nachweis der Paritätsverletzung ist die Bestimmung der Korrelation zwischen der Richtung des Spins s des Leptons und seinem Impuls p. Ein Maß dieser Korrelation ist die Helizität $H = s \cdot p/|p|$. Sind Spin und Bewegungsrichtung des Leptons parallel, so ist $H = +1$, und der dem Spin zugeordnete Drehsinn entspricht in Bewegungsrichtung einer Rechtsschraube, das Teilchen ist rechtspolarisiert.

Die Experimente ergaben, daß e^-, ν_e und μ^-, ν_μ linkspolarisiert $(H = -1)$ und die entsprechenden Antiteilchen rechtspolarisiert $(H = +1)$ sind. Der $(V-A)$-Kopplungscharakter des Leptonenstroms ist also gleichbedeutend mit der Linkspolarisation der beiden Leptonenpaare $(\nu_e, e^-)_L$ und $(\nu_\mu, \mu^-)_L$.

Bildeten vor der Entwicklung des Quarkmodells die drei Baryonen p, n und Λ die Basisteilchen des Hadronenstroms, so kann man heute viele Aspekte der schwachen Wechselwirkung besser mit den drei Quarks u, d, s als Basisteilchen des Hadronenstroms verstehen. Ebenso wie die Leptonen können wir sie ja als punktförmige Objekte mit dem Spin 1/2 auffassen.

Der β-Zerfall des Neutrons, bei dem das Quarktriplett (udd) in das Triplett (uud) übergeht, reduziert sich also bezüglich des Hadronenstroms der schwachen Wechselwirkung auf die Umwandlung eines d-Quarks in ein u-Quark; also

$$J_\mu(\text{d} \to \text{u}) = \psi_u \gamma_\mu (1 - \gamma_5) \psi_d . \tag{5.32}$$

Neben ihrer raum-zeitlichen $(V-A)$-Struktur besitzen die hadronischen Ströme auch einen $SU(3)$-Charakter. Der schwache hadronische Strom muß auch die Änderung von Isospin und Hyperladung beschreiben.

Semileptonische Prozesse mit $\Delta Y = (Y_f - Y_i) = 0$, wie der β-Zerfall oder beispielsweise der Zerfall

$$\Sigma^+ \to \Lambda^0 + e^+ + \nu_e, \tag{5.33}$$

8*

gehen so vor sich, daß sich der Isospin um $|\Delta I_3| = 1$ ändert. Zerfälle mit $|\Delta I_3| \neq 1$ wurden für $\Delta Y = 0$ nicht beobachtet. Der geladene hadronische Strom, der diese Änderung beschreibt, stellt also einen Isovektor dar. Er besitzt die Quantenzahlen des π-Mesons.

Für alle semileptonischen Prozesse mit hyperladungs-ändernden geladenen Strömen gilt die Regel $\Delta Y = \Delta Q$. Beispiele erlaubter Zerfälle enthält die Gruppe 3) in Tabelle 5.1. Weitere semileptonische Prozesse sind etwa:

$$\left. \begin{array}{l} \Lambda \to p + e^- + \bar{\nu}_e \\ \Sigma^- \to n + e^- + \bar{\nu}_e . \end{array} \right\} \tag{5.34}$$

Zerfälle wie beispielsweise

$$\Sigma^+ \to n + e^+ + \nu_e \tag{5.35}$$

mit $\Delta Q = -1$ und $\Delta Y = +1$ wurden nicht beobachtet. Wie die angeführten Beispiele zeigen, gilt für den Isospin die Auswahlregel $|\Delta I| = |I_f - I_i| = 1/2$. Die hyperladungsändernden hadronischen Ströme sind Isospinoren. Sie besitzen die Quantenzahlen der geladenen K-Mesonen.

Die im Experiment beobachteten Zerfallsraten zeigen, daß die semileptonischen Zerfälle mit $|\Delta Y| = 1$ unterdrückt werden gegenüber solchen mit $\Delta Y = 0$. Dieser Beobachtung läßt sich dadurch Rechnung tragen, daß man den schwachen hadronischen Strom J_μ aufteilt in einen Anteil ohne Verletzung der Hyperladung J_μ ($\Delta Y = 0$) und einen Stromanteil mit Verletzung der Hyperladung $J_\mu(|\Delta Y| = 1)$

$$J_\mu = a J_\mu(\Delta Y = 0) + b J_\mu(|\Delta Y| = 1) \tag{5.36}$$

$$\text{mit} \quad a = \cos\theta_c, \quad b = \sin\theta_c,$$

wobei der als Cabibbo-Winkel θ_c bezeichnete Mischungswinkel experimentell zu bestimmen ist. Die $SU(3)$-Symmetrie ist auch für die schwache Wechselwirkung hadronischer Ströme die bestimmende Symmetrie.

Wie wir sehen, sind die Hadronenströme Bestandteil des Oktetts der pseudoskalaren Mesonen. In Abschnitt 4.1 haben wir die erzeugenden Operatoren λ_i der $SU(3)$-Transformation als verallgemeinerte Paulische Spinmatrizen dargestellt (4.6). Damit lassen sich Projektionsoperatoren bilden, die für den Fall $\Delta Y = 0$, d. h. den Fall des Isovektors ($\pi^{\pm}$), die Form

$$I_{\pm} = \frac{1}{2} \, (\lambda_1 \pm i\lambda_2) \tag{5.37}$$

und für den Fall $|\Delta Y| = 1$, d. h. den Fall des Isospinors ($K^{\pm}$), die Form

$$K_{\pm} = \frac{1}{2} \, (\lambda_4 \pm i\lambda_5) \tag{5.38}$$

besitzen. Ihre Anwendung auf den Gesamtstrom J_{μ} projiziert die beiden Anteile $J_{\mu}(\Delta Y = 0)$ und $J_{\mu}(|\Delta Y| = 1)$ heraus. Damit erhalten wir an Stelle von (5.36) für den geladenen hadronischen Gesamtstrom:

$$J_{\mu}^{\pm} = \cos \theta_c (I_{\pm} J_{\mu}) + \sin \theta_c (K_{\pm} J_{\mu}) . \tag{5.39}$$

Aus dem Vergleich von Zerfällen mit $\Delta Y = 0$ und $|\Delta Y| = 1$ wurde der Cabibbo-Winkel zu $\theta_c = 13°20'$ bestimmt. Damit wird die Unterdrückung der hyperladungsändernden Ströme beschrieben, wenn auch nicht erklärt. Bisher ist es nicht gelungen, den Mischungsgrad beider Stromanteile auf allgemeinere Gesetze zurückzuführen.

Wir betrachten die hadronischen Ströme als Quarkströme. Die starke Wechselwirkung der Quarks untereinander wird dabei zunächst nicht in Betracht gezogen. Da wir die Quarks als punktförmige physikalische Objekte betrachten, besitzen sie keine Formfaktoren, durch die ihre räumliche Struktur beschrieben wird. Für den Quarkstrom gilt daher ein Erhaltungsgesetz:

$$\partial^{\mu} J_{\mu}(\text{Quarks}) = 0 . \tag{5.40}$$

Aus den Untersuchungen der semileptonischen Zerfälle, aber auch aus den in Kapitel 7 noch zu beschreibenden

Neutrinoreaktionen folgt, daß der schwache hadronische Strom mit gutem Erfolg als Quarkstrom aufgefaßt werden kann.

$$\left.\begin{aligned}
J_\mu^+ &= \cos\theta_c \cdot \bar{\psi}_\mathrm{u}\gamma_\mu(1-\gamma_5)\,\psi_\mathrm{d} \\
&\quad + \sin\theta_c \cdot \bar{\psi}_\mathrm{u}\gamma_\mu(1-\gamma_5)\,\psi_\mathrm{s} \\
J_\mu^- &= \cos\theta_c \cdot \bar{\psi}_\mathrm{d}\gamma_\mu(1-\gamma_5)\,\psi_\mathrm{u} \\
&\quad + \sin\theta_c \cdot \bar{\psi}_\mathrm{s}\gamma_\mu(1-\gamma_5)\,\psi_\mathrm{u}\,.
\end{aligned}\right\} \qquad (5.41)$$

Der schwache hadronische Zerfall der Gruppe 4) in Tabelle 5.1, bei dem direkt zwei Fermionen (Λ, p) und ein Boson (π^-) beobachtet werden, läßt sich im Quarkmodell ebenfalls als schwache 4-Fermionenwechselwirkung darstellen:

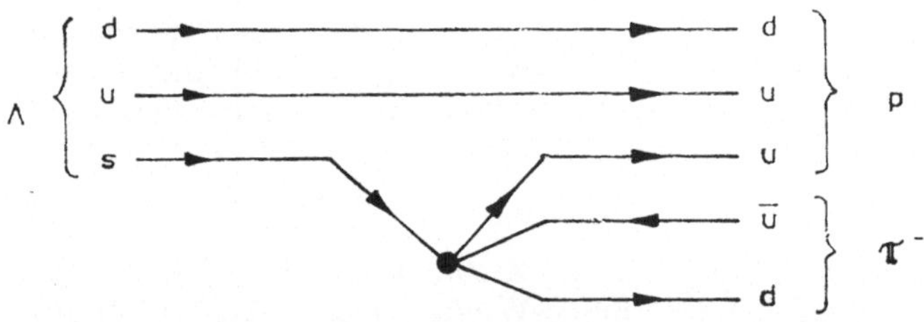

Die phänomenologische Beschreibung der schwachen Wechselwirkung als 4-Fermionen-Wechselwirkung der Leptonen und der drei Quarks hat sich für viele Prozesse als ein mit den Beobachtungen übereinstimmendes Modell erwiesen. Vor allem Zerfallsprozesse, die lange Zeit die wichtigsten, den Messungen in genügender Statistik zugänglichen Ereignisse waren, entsprachen dieser Theorie, wobei die Störungsrechnungen in der niedrigsten Ordnung durchgeführt wurden.

In Zerfallsprozessen werden nur geringe Impulse übertragen. In den letzten Jahren stehen intensive hochenergetische Neutrinostrahlen an den Großbeschleunigern zur experimentellen Nutzung zur Verfügung. Als Detektoren werden große Blasenkammern und massereiche Neutrino-Kalorimeter eingesetzt (s. Abb. 9).

Experimente mit Ereigniszahlen hochenergetischer Neutrinoreaktionen von $\approx 10^4 \div 10^5$ wurden durchgeführt. Die Frage nach den Grenzen der phänomenologischen $(V-A)$-Theorie wurde aktuell.

5.3. Die einheitliche Theorie der elektromagnetischen und der schwachen Wechselwirkung

In allen betrachteten schwachen Wechselwirkungsprozessen wurde angenommen, daß die vier Fermionenfelder an einem Raum-Zeit-Punkt miteinander wechselwirken, die 4-Fermionenwechselwirkung ist lokal. Um zu erkennen, zu welchen Problemen diese Annahme führt, betrachten wir der Einfachheit halber einen rein leptonischen Prozeß, die Neutrino-Elektron-Streuung:

$$\nu_e + e^- \to \nu_e + e^-. \tag{5.42}$$

In der ersten Ordnung der Störungsrechnung im Rahmen der phänomenologischen $(V\text{-}A)$-Theorie erhält man für den Wirkungsquerschnitt dieser Reaktion

$$\sigma \approx G^2 \cdot E'^2, \tag{5.43}$$

wobei E' die Gesamtenergie beider Teilchen im Schwerpunktsystem ist.

Wenn die Neutrino-Elektron-Wechselwirkung an einem Raum-Zeit-Punkt stattfindet, so ist der Stoßparameter Null. Die effektive Wechselwirkung der beiden Leptonen ist lokal, und es können am Stoß nur S-Wellen teilnehmen.

Eine obere Grenze für den Wirkungsquerschnitt erhält man aus der Erhaltung der Wahrscheinlichkeit im Stoßprozeß (Unitaritätsbedingung)

$$\sigma_{\max} \approx \pi\lambdabar^2 \approx \frac{\pi}{E_k'^2}, \quad \text{da} \quad \lambdabar \approx \frac{1}{E'}. \tag{5.44}$$

Vergleicht man diese Beziehung mit der Formel für den Wirkungsquerschnitt der Neutrino-Elektron-Streuung (5.43), so sieht man, daß diese oberhalb einer kritischen Energie E_k' die Unitaritätsbedingung verletzt. Aus (5.43) und (5.44) erhält man für die kritische Energie $E_k' \approx 400$ GeV. Bei dieser Energie kann die Formel (5.43) für den Wirkungsquerschnitt nicht mehr gelten. Wir müssen daher eine der Basisannahmen der $(V-A)$-Theorie aufgeben. Entweder die schwache Wechselwirkung ist nicht lokal, oder die Anwendung der Störungstheorie ist unzulässig.

Betrachten wir zunächst die letztere Möglichkeit. Bei hohen Energien ist es notwendig, Diagramme höherer Ordnung zu berücksichtigen. Ein einfaches Beispiel eines Diagramms zweiter Ordnung der Neutrino-Elektron-Streuung ist

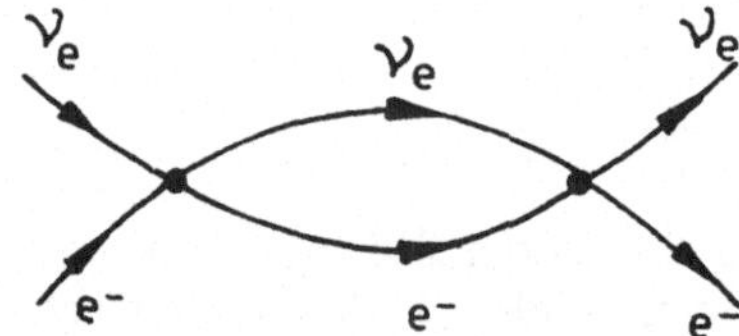

Trotz der kleinen Kopplungskonstanten divergiert bereits dieser Prozeß. Sei p der Viererimpuls des virtuellen, in der inneren Schleife auftretenden Elektrons, so ist das Matrixelement dem Integral $\int \mathrm{d}^4 p / p^2$ proportional, welches offensichtlich für $p \to \infty$ divergiert.

Eine ähnliche Situation kennen wir bereits aus der QED. Jedoch ist es hier nicht mehr möglich, durch die Einführung von Renormierungskonstanten die Theorie in allen Ordnungen konvergent zu machen. Die 4-Fermionen-Wechselwirkung ist nicht eichinvariant und nicht renormierbar.

Qualitativ läßt sich leicht einsehen, daß Diagramme höherer Ordnung zu einer effektiven Nichtlokalität in der Neutrino-Elektron-Streuung führen. Die beiden Vertices des obigen Diagramms entsprechen zwei verschiedenen Raum-Zeit-Punkten. Das Ausmaß der Nichtlokalität ist durch die kritische Energie E_k' charakterisiert. Ihr entspricht ein Abstand von $\approx 10^{-17}$ cm als

untere Grenze der effektiven Reichweite der schwachen
Wechselwirkung.

Ein mögliches Modell zur „Lokalisierung" dieser
nichtlokalen schwachen Wechselwirkung erhält man
durch Einführung eines schweren intermediären Feldquants. Wir nehmen an, daß die schwache Wechselwirkung, die bei niederen Energien als lokale Wechselwirkung zweier Ströme beschreibbar ist, durch den Austausch eines schweren intermediären Bosons zustande
kommt.

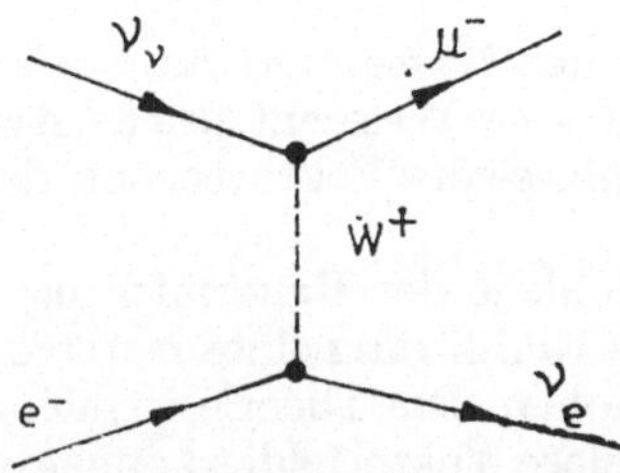

Zwischen je einem Leptonenpaar (Strom) wird wie in
der QED ein Boson W ausgetauscht. Da der schwache
Strom Vektorcharakter hat, müssen die ausgetauschten
Teilchen Vektorbosonen W$^\pm$ sein.

Da einerseits bei niederen Impulsübertragungen die
$(V-A)$-Theorie gelten soll, andererseits schwach wechselwirkende Vektorbosonen bisher nicht beobachtet wurden,
müssen die W$^\pm$-Teilchen eine sehr große Masse besitzen.
Da auch neutrale Ströme auftreten, muß natürlich auch
ein neutrales Vektorboson Z^0 eingeführt werden.

Der Versuch einer Theorie der schwachen Wechselwirkung in Analogie zur QED und darüber hinaus die
Vereinigung beider zu einer Theorie, die die QED als
einen Teil enthält, stieß auf einige erhebliche Schwierig-
keiten.

Vergleicht man die dimensionslose Kopplungskonstante
der elektromagnetischen Wechselwirkung $\alpha = e^2/4\pi = 1/137$
mit der Kopplungskonstanten der schwachen Wechselwirkung $G = 10^{-5}/m_\mathrm{p}$, so hängt deren Wert von

der Wahl der Massenskala ab. Eine naheliegende Skala ist die Masse des Vektorbosons m_w. Wir setzen

$$\frac{G}{\sqrt{2}} = \frac{g^2}{m_w{}^2} \tag{5.45}$$

und erhalten damit eine Kopplungskonstante g, die wie die Feinstrukturkonstante dimensionslos ist. Setzt man

$$g_w{}^2 = \alpha = \frac{1}{137}, \tag{5.46}$$

so erhält man einen Massenwert für das Vektorboson von $m_w \approx 30$ GeV. Dieser Wert entspricht etwa dem unteren Grenzwert der Masse des Vektorbosons, der experimentell ermittelt wurde.

Die Unmöglichkeit der Renormierung der Theorie ist allein durch die Einführung eines massiven Vektorbosons keineswegs behoben. Die Theorie ist nicht eichinvariant, denn nur masselose Vektorfelder können wie in der QED die lokale Eichinvarianz garantieren. Es erhebt sich auch die Frage, mit welchen Erhaltungsgrößen in einer Quantenfeldtheorie der schwachen Wechselwirkung die Eichinvarianz zu verknüpfen ist. Diese Problematik fand nun in den letzten Jahren durch die spontan gebrochenen nichtabelschen Eichtheorien ihre Lösung.

Um zunächst eine nichtabelsche eichinvariante Feldtheorie der schwachen Wechselwirkung mit der Eichgruppe $SU(2)$ zu formulieren, sei ein von YANG und MILLS bereits im Jahre 1954 angegebener Vorschlag aufgegriffen. Sie versuchten, eine Eichtheorie der starken Wechselwirkung zu konzipieren. YANG und MILLS interpretierten die Isospininvarianz als lokale Eichinvarianz. Sie erhielten jedoch keine Übereinstimmung mit dem Experiment.

Zur Beschreibung der Ladungsunabhängigkeit der starken Wechselwirkung haben wir in Abschn. 2.4 die Isospinoperatoren I_i als die Erzeugenden der $SU(2)$-Gruppe eingeführt. Isospininvarianz heißt nun, daß etwa die Lagrange-Funktion bei einer $SU(2)$-Transformation (siehe (2.40))

$$U(\theta_i) = \exp\left(i\sum_{i=1}^{3} I_i\theta_i\right) \tag{5.47}$$

erhalten bleibt, wobei die θ_i unabhängig von x sind, d. h., für diese globale Symmetrie ist der Isospin eine von Raum und Zeit unabhängige Größe. Eine einmal getroffene Zuordnung von I_3 ist an allen Orten für den gesamten zeitlichen Verlauf beizubehalten. Für die $SU(2)$-Gruppe sind die erzeugenden Operatoren I_i nicht vertauschbar (nichtabelsch).

Zur Übertragung des Prinzips der lokalen Eichinvarianz, wie wir es in der QED kennenlernten, auf nichtabelsche Symmetriegruppen führten YANG und MILLS die Isospingruppe als lokale Eichgruppe ein. Die θ_i sind als Funktionen von x aufzufassen. Über die dritte Komponente des Isospins kann in jedem Raum-Zeit-Punkt neu verfügt werden.

Zur Anwendung des Gedankens der nichtabelschen Eichgruppe auf die schwache Wechselwirkung ordnen wir den Leptonen einen schwachen Isospin $I = 1/2$ zu. Wir setzen voraus, daß der schwache Isospin eine Erhaltungsgröße sei. Er wird durch die lokale nichtabelsche Eichgruppe

$$U(\theta_i) = \exp\{iI_i\theta^i(x)\}$$
$$\approx 1 + i\theta^i(x)\,I_i \tag{5.48}$$

dargestellt.[1]) Lokale Eichinvarianz bedeutet, daß die Zuordnung von I_3 an jedem Raum-Zeit-Punkt neu getroffen werden kann. Für die erzeugenden Operatoren der Eichgruppe gilt die Vertauschungsrelation

$$[I_i, I_j] = i\varepsilon^{ijk}I_k \tag{5.49}$$

(ε_{ijk} ist ein total antisymmetrischer Einheitstensor mit $\varepsilon_{123} = 1$).

---

[1]) Hier und im folgenden ist die Summenkonvention $a_i b^i = \sum\limits_i a_i b_i$ verwendet

Wendet man die infinitesimale Transformation (5.48) auf ein Spinorfeld $\psi(x)$ an, so transformiert sich das Feld entsprechend:

$$\psi(x) \to \psi'(x) = \psi(x) + i\theta^i(x)\, I_i \cdot \psi(x)$$
$$= \psi(x) + \delta\psi(x) \tag{5.50}$$
$$\text{mit } \delta\psi(x) = i\theta^i(x)\, I_i \cdot \psi(x).$$

Wegen der x-Abhängigkeit von θ verschwindet die Variation der Lagrange-Dichte $\mathscr{L}(\psi, \partial_\mu \psi)$ nicht, denn die Ableitung $\partial_\mu \psi$ transformiert sich nicht mehr wie das Feld selbst.

$$\partial_\mu \psi(x) \to \partial_\mu' \psi(x) = \left(1 + i\theta^i(x)\, I_i\right) \partial_\mu \psi(x)$$
$$+ iI_i\psi(x)\, \partial_\mu \theta^i(x). \tag{5.51}$$

Die Langrange-Dichte ist also nicht mehr invariant bei einer lokalen Eichtransformation (5.48).

Um das Verschwinden von $\delta\mathscr{L}$ zu gewährleisten, ist es notwendig, ein dreikomponentiges Eichfeld $B_\mu^i(x)$ einzuführen (Yang-Mills-Feld) und die Ableitung ∂_μ durch die kovariante Ableitung

$$D_\mu \equiv \partial_\mu + igB_\mu^i I_i \quad (i = 1, 2, 3) \tag{5.52}$$

zu ersetzen. Die dimensionslose Größe g entspricht der Kopplungskonstanten. Die Lagrange-Dichte des Eichfeldes selbst ist dann

$$\mathscr{L}_g = -\frac{1}{4}\, F_{\mu\nu}^i \cdot F^{i\mu\nu} \tag{5.53}$$

mit

$$F_{\mu\nu}^i = \partial_\mu B_\nu^i - \partial_\nu B_\mu^i + g\varepsilon^{ijk} B_\mu^j B_\nu^k.$$

Aus der Forderung nach der Invarianz der Fermionenfelder bezüglich der lokalen Eichgruppe $SU(2)$ folgt die Erhaltung des Noether-Stroms des schwachen Isospins. Um das zu gewährleisten, haben wir ein dreikomponentiges Eichfeld $B_\mu^i(x)$ und die Kopplungskonstante g eingeführt und die partiellen Ableitungen ∂_μ

durch die kovariante Ableitung D_μ ersetzt. Die Lagrange-Dichte erhält dann eine eichinvariante Form:

$$\mathscr{L}(\psi,\, \partial_\mu\psi,\, B_\mu{}^i\, \partial_\mu B_\nu{}^i) = \bar{\psi}(i\gamma^\mu\, \partial_\mu - m)\, \psi - \frac{1}{2}\, \partial_\mu B_\nu$$

$$\times (\partial^\mu B^{i\nu} - \partial^\nu B^{i\mu}) - gB_\mu{}^i\bar{\psi}\gamma^\mu I_i\psi + g\varepsilon_{ijk}B_\mu{}^i B_\nu{}^j\partial_\mu B^{k\nu}$$

$$- \frac{g^2}{4}\, \varepsilon_{ijk}\varepsilon_{ilm}B_\mu{}^j B_\nu{}^k B^{l\mu} B^{m\nu}. \tag{5.54}$$

Die ersten beiden Terme stellen das freie Fermionenfeld und das freie Eichfeld dar. Der dritte Term repräsentiert, ähnlich wie in der QED, die Wechselwirkung des schwachen Fermionenfeldes mit dem Eichfeld, während die beiden letzten Terme der Lagrange-Dichte die Wechselwirkung der Eichbosonen untereinander beschreiben. Die Vektorbosonen des Eichfeldes sind masselos, da ein Massenglied in der Lagrange-Dichte nicht auftritt. Die naheliegende Zuordnung der drei Komponenten des Eichfeldes zu den W$^+$, W$^-$ und Z^0 ist daher nicht möglich.

Um massive Vektorbosonen zu erhalten, muß die Eichsymmetrie $SU(2)$ gebrochen werden. Würde man die Brechung der Eichinvarianz durch eine entsprechende Konstruktion der Lagrange-Dichte (Einführung eines Massengliedes) erreichen, so ist die Theorie nicht mehr renormierbar.

Um die Renormierbarkeit nicht in Frage zu stellen, müssen wir von einer explizit eichinvarianten Lagrange-Dichte ausgehen. Eine Möglichkeit der Brechung der Eichinvarianz besteht darin, daß wenigstens einige der Lösungen der aus $\mathscr{L}$ folgenden Bewegungsgleichungen nicht eichinvariant sind. Diese zunächst widersprüchliche Erwartung, eichinvariante Lagrange-Dichte führt zu nichteichinvarianten Zuständen, trifft aber gerade auf die möglichen Grundzustände (Vakuumzustände) zu. Die Eigenart der Vakuumzustände, die zum Auftreten neuer Teilchen, sogenannter Higgs-Mesonen, führt, bewirkt die Verletzung der lokalen Eichinvarianz.

Bevor dieses als spontane Symmetriebrechung bezeichnete Verfahren dargelegt wird, sollen auf der Basis einer einheitlichen Lagrange-Dichte elektromagnetische und schwache Wechselwirkung vereinigt werden. Einer Idee von WEINBERG und SALAM folgend, soll eine $SU(2) \otimes U(1)$ eichinvariante lokale Lagrange-Dichte konstruiert werden. Es sei hier bemerkt, daß auch andere Symmetriegruppen zur Vereinheitlichung beider Feldtheorien vorgeschlagen wurden.

Die Lagrange-Dichte der freien Spinorfelder $\mathcal{L}_1(\psi,\, \partial_\mu\psi)$ muß Terme enthalten, die die Elektronen, Muonen, Neutrinos und Quarks beschreiben. Sodann sind für jede Komponente einer Erhaltungsgröße Eichfelder einzuführen, d. h. für $U(1)$ die $A_\mu(x)$ und für $SU(2)$ die $B_\mu{}^i(x)$ mit $i = 1, 2, 3$. Die zugehörigen Feldtensoren sind entsprechend den vorangegangenen Definitionen $F_{\mu\nu}$ für die $A_\mu(x)$ und $F^i_{\mu\nu}$ für die $B_\mu{}^i(x)$. Der zweite Teil der Lagrange-Dichte hat also die Form

$$\mathcal{L}_2 = -\frac{1}{4}\, F_{\mu\nu}F^{\mu\nu} - \frac{1}{4}\, F^i_{\mu\nu}F^{i\mu\nu}. \qquad (5.55)$$

Da zwei Erhaltungssätzen Rechnung zu tragen ist, sind zwei dimensionslose Kopplungskonstanten g_1 und g_2 einzuführen, und ein kovarianter Differentialoperator ist folgendermaßen zu definieren:

$$D_\mu \equiv \partial_\mu + ig_1 B_\mu{}^i(x)\, I_i + \frac{i}{2}\, g_2 A_\mu(x). \qquad (5.56)$$

Damit ist die Lagrange-Dichte

$$\mathcal{L} = \mathcal{L}_1(\psi,\, D_\mu\psi) + \mathcal{L}_2 \qquad (5.57)$$

eichinvariant bezüglich der Gruppe $SU(2) \otimes U(1)$. Alle vier Eichfelder sind masselos.

Damit nun drei der Eichfelder massiv werden, ohne die Eichinvarianz der Lagrange-Dichte zu verletzen, muß ein weiterer eichinvarianter Term $\mathcal{L}_3$ der Lagrange-Dichte hinzugefügt werden. Er soll durch ein skalares

Feld u mit dem schwachen Isospin 1/2 und der Selbstwechselwirkung $k(u^+u)^2$ gebildet werden (k ist wiederum eine dimensionslose Kopplungskonstante).

$$\mathscr{L}_3(u, \partial_\mu u) = \partial_\mu u^+ \, \partial^\mu u - \mu^2 u^+ u - k(u^+u)^2. \quad (5.58)$$

Das damit postulierte skalare Teilchen, das man als Higgs-Meson bezeichnet, ist mit keinem der bisher beobachteten Objekte identifizierbar. Wir haben aber bisher auch keine massiven Vektorbosonen gefunden, und ihre Existenz ist an die gleichen hypothetischen Erwartungen gebunden wie das Higgs-Meson.

Die letzten beiden Glieder der Langrange-Dichte $\mathscr{L}_3$ in (5.58) entsprechen im Rahmen einer klassischen Feldtheorie einem Potential $V = \mu^2 u^+ u + k(u^+u)^2$. Im Grundzustand des Systems muß V ein Minimum besitzen. V hat aber nur dann ein Minimum, wenn $k > 0$ ist. Die Lage des Minimums hängt damit von der Wahl des Vorzeichens von μ^2 ab. Ist $\mu^2 \geqq 0$, so ist das Minimum von V bei $u = 0$. Für den Fall $\mu^2 < 0$ erhält das Higgs-Potential ein Minimum bei

$$|u|^2 = -\frac{\mu^2}{2k}. \quad (5.59)$$

Das Minimum bezeichnen wir als Vakuumerwartungswert

$$u_0 = \sqrt{\frac{-\mu^2}{2k}}. \quad (5.60)$$

Für diese Werte $u_0 \neq 0$ des Feldes haben wir eine spontane Symmetriebrechung gegenüber der globalen Transformation $u(x) \to \exp(i\theta) \cdot u(x)$. Ein solcher Grundzustand ist stabil und nicht invariant gegenüber der Eichtransformation $SU(2)$. Mit Vakuumerwartungswerten dieser Art kann die übliche Störungsrechnung nicht durchgeführt werden. Um im Rahmen einer Quantenfeldtheorie eine Störungsrechnung möglich zu machen, muß mit Hilfe des Vakuumerwartungswertes das Feld neu definiert werden.

Für die Transformationsgruppe $SU(2) \otimes U(1)$ haben wir das Higgs-Feld als einen schwachen Isospinor zu betrachten. Nehmen wir an, daß $I_3 = -1/2$ ist, so haben wir

$$u_{\mathrm{min}} = \begin{pmatrix} 0 \\ u_0 \end{pmatrix}. \tag{5.61}$$

Das Higgs-Feld in der Umgebung des Vakuums ist dann

$$u(x) = u_{\mathrm{min}} + u'(x). \tag{5.62}$$

Die Störung des Grundzustandes kann nur in einer Dehnung und einer Drehung im Isoraum bestehen. Die Transformationen in dem gestörten Zustand müssen unitär sein, so daß $u(x)$ wieder eine Lösung von (5.58) ist.

Die Anwendung der Transformation $U(1) = \mathbf{1} + i\mathbf{1}\theta(x)$ stellt eine Drehung von u_{min} dar, die wir durch die Addition von $h(x)/\sqrt{2}$ beschreiben.

$$[\mathbf{1} + i\mathbf{1}\theta(x)] \begin{pmatrix} 0 \\ u_0 \end{pmatrix} = \begin{pmatrix} 0 \\ u_0 + i\theta(x)\, u_0 \end{pmatrix};$$

mit der Definition

$$h(x) \equiv i\,\sqrt{2}\,\theta(x) \cdot u_0$$

erhält man

$$U(1) \begin{pmatrix} 0 \\ u_0 \end{pmatrix} = \begin{pmatrix} 0 \\ u_0 + h(x)/\sqrt{2} \end{pmatrix}. \tag{5.63}$$

Die $SU(2)$-Transformation läßt sich durch eine infinitesimale Drehung $1 + i\tau_i\theta^i(x)$ beschreiben, die ebenfalls auf den Isospinor $u_{\mathrm{min}}(x)$ anzuwenden ist. Die Erzeugenden beider Transformationsgruppen sind die Einheitsmatrix 1 und die Paulischen Spinmatrizen τ_1, τ_2, τ_3 bzw. τ_1, τ_2, $\dfrac{1 - \tau_3}{2}$ und $\dfrac{1 + \tau_3}{2}$. Die Anwendung von τ_1, τ_2 und $\dfrac{1 - \tau_3}{2}$ führt zu drei von Null verschiedenen Grundzuständen, hingegen erhält man

$$\frac{1+\tau_3}{2}\begin{pmatrix}0\\u_0\end{pmatrix}=0.$$

Nur die ersten drei Operatoren führen zur Symmetrieverletzung.

Da die Eichsymmetrie lokal sein soll, kann an jedem Raum-Zeit-Punkt über die Zuordnung von I_3 neu verfügt werden. Wir können daher die der $SU(2)$-Transformation entsprechende Drehung außer acht lassen. Also

$$u(x)=\begin{pmatrix}0\\u_0\end{pmatrix}+\begin{pmatrix}0\\u'(x)\end{pmatrix}$$

mit $u'(x)=\dfrac{h(x)}{\sqrt{2}}$ wird $u(x)=\begin{pmatrix}0\\u_0+h(x)/\sqrt{2}\end{pmatrix}.$ \hfill (5.64)

Setzt man das in die Lagrange-Dichte $\mathscr{L}_3$ ein, so erhält man, abgesehen von höheren Termen,

$$\mathscr{L}_3{}'=\frac{1}{2}\,\partial_\mu h^+\partial^\mu h-\frac{1}{2}\,(4ku_0{}^2)\,h^+h. \tag{5.65}$$

Die Funktion $h(x)$ kann als Feldfunktion aufgefaßt werden. Die beiden Terme von $\mathscr{L}_3{}'$ repräsentieren die freie Lagrange-Dichte eines skalaren Teilchens mit der Masse

$$m_h{}^2=4ku_0{}^2=-2\mu^2. \tag{5.66}$$

(Da $\mu^2<0$, ist die Masse $m_h{}^2>0$). Das ist die Masse des physikalischen Higgs-Mesons $h(x)$.

Das Ziel der vorstehenden Überlegungen war die Formulierung einer spontan gebrochenen Eichtheorie ($u_0\neq0$), in der drei der vier Eichfelder massiv werden. Dazu bilden wir die Lagrange-Dichte $\mathscr{L}$ aus $\mathscr{L}_2$ und $\mathscr{L}_3$, deren Eichinvarianz spontan gebrochen wird,

$$\mathscr{L}=\big(D_\mu u(x)\big)\big(D^\mu u(x)\big)-\mu^2(u^+u)-k(u^+u)^2$$
$$-\frac{1}{4}\,F_{\mu\nu}F^{\mu\nu}-\frac{1}{4}\,F^i_{\mu\nu}\,F^{i\mu\nu} \tag{5.67}$$

wobei D_μ durch (5.56) und $u(x)$ durch (5.64) gegeben sind. Die Lagrange-Dichte $\mathscr{L}_1$ der freien Spinorfelder sei hier weggelassen.

Da keine Richtung im Viererraum ausgezeichnet ist (Lorentz-Invarianz), verschwinden die Vakuumzustände der Eichbosonen $A_\mu(x)$ und $B_\mu^i(x)$.

In der Lagrange-Dichte (5.67) treten beim Einsetzen von A_μ und B_μ^i Mischterme wie $B_\mu^3 A^\mu$ auf. Durch Umnormierung können diese beseitigt werden:

$$z_\mu \equiv A_\mu \sin \theta_w + B_\mu^3 \cos \theta_w$$
$$a_\mu \equiv -A_\mu \cos \theta_w + B_\mu^3 \sin \theta_w. \qquad (5.68)$$

Dabei ist $\operatorname{tg} \theta_w = g_1/g_2$. Den Normierungswinkel θ_w bezeichnet man als Weinberg-Winkel. Die physikalisch interessanten Teile der Lagrange-Dichte und ihre Bedeutung sind in Form einer Tabelle (siehe Seite 131) zusammengefaßt.

Die elektrische Ladung ist

$$e = \frac{g_1 g_2}{(g_1{}^2 + g_2{}^2)^{1/2}} = g_1 \cdot \sin \theta_w. \qquad (5.69)$$

Die Lagrange-Dichte einer spontan gebrochenen Eichtheorie führt auf drei massive Vektorbosonen, ein massives skalares Meson und ein Maxwell-Feld. Wie von t'Hooft 1971 gezeigt, ist eine solche Feldtheorie renormierbar.

Um auf der Grundlage dieser Lagrange-Funktion zu Resultaten zu gelangen, die mit dem Experiment vergleichbar sind, müssen weitere Festlegungen getroffen werden, die vor allem die Polarisation der Leptonen und der Quarks betreffen.

Betrachten wir zunächst rein leptonische Prozesse. Salam und Weinberg folgend wird angenommen:

— Alle Leptonen haben die Masse Null.
— Sie besitzen einen schwachen Isospin und eine schwache Hyperladung derart, daß $Q = I_3 + Y/2$ ist.
— Die Leptonen existieren nur in entweder vollständig links- oder rechtshändig polarisierten Zuständen.

$\mathcal{L}_i$	Masse	Spin	Ladung	Bezeichnung
$\dfrac{1}{2}\left(\partial_\mu h(x)\right)\left(\partial^\mu h(x)\right)$ $-\dfrac{1}{2}\left(-2\mu^2\right)h^2$	$-2\mu^2$	0	0	Higgs-Meson
$-\dfrac{1}{4}F^1_{\mu\nu}F^{1\mu\nu}$ $+\dfrac{1}{2}\left(\dfrac{g_1^2u_0^2}{2}\right)a_\mu^1 a^{1\mu}$	$\dfrac{g_1^2u_0^2}{2}$	1	$+1$	W^+
$-\dfrac{1}{4}F^2_{\mu\nu}F^{2\mu\nu}$ $+\dfrac{1}{2}\left(\dfrac{g_1^2u_0^2}{2}\right)a_\mu^2 a^{2\mu}$	$\dfrac{g_1^2u_0^2}{2}$	1	-1	W^-
$-\dfrac{1}{4}z_{\mu\nu}z^{\mu\nu}$ $+\dfrac{1}{2}\left(\dfrac{g_1^2u_0^2}{2\cos^2\theta_w}\right)z_\mu z^\mu$	$\dfrac{g_1^2u_0^2}{2\cos^2\theta_w}$	1	0	Z^0
$-\dfrac{1}{4}F_{\mu\nu}F^{\mu\nu}$	0	1	0	γ

Die verschiedenen Zuordnungen sind aus Tabelle 5.2 ersichtlich.

Tabelle 5.2

Teilchen	I	I_3	Y	Q
$\nu_{eL},\ \nu_{\mu L}$		$+1/2$		0
	$1/2$		-1	
$e_L,\ \mu_L$		$-1/2$		-1
$\nu_{eR},\ \nu_{\mu R}$			0	0
	0	0		
$e_R,\ \mu_R$			-2	-1

9*

Unter Verwendung dieser Annahmen läßt sich ohne Schwierigkeit der Wechselwirkungsteil der Lagrange-Dichte für die verschiedenen rein leptonischen Prozesse angeben.

Mit den vorgegebenen Kopplungen und den Konstanten g_1 und g_2 (bzw. $\cos \theta_w$) können mit Hilfe der Feynman-Regeln die Matrixelemente beliebiger physikalischer Prozesse berechnet werden.

Betrachten wir wieder das Beispiel der Neutrino-Elektron-Streuung. Für diese Prozesse erhält man einen differentiellen Wirkungsquerschnitt

$$\frac{d\sigma}{dy} = \frac{G^2 m_e E_\nu}{2\pi} \left[(g_V + g_A)^2 + (g_V - g_A)^2 (1 - y)^2 \right], \quad (5.70)$$

wobei $y = \dfrac{E_e}{E_\nu}$ das Verhältnis der Energie des Elektrons nach der Streuung zur Energie des einlaufenden Neutrinos ist. Von der Weinberg-Salam-Theorie werden für die Konstanten g_A und g_V folgende Werte für etwa die nachstehenden Reaktionen vorausgesagt:

$$g_V = \frac{1}{2} + 2\sin^2\theta_w; \quad g_A = -\frac{1}{2}$$

$$\text{für} \quad \bar{\nu}_e + e^- \rightarrow \bar{\nu}_e + e^- \qquad\qquad (5.71)$$

$$g_V = -\frac{1}{2} + 2\sin^2\theta_w; \quad g_A = -\frac{1}{2}$$

$$\text{für } \nu_\mu + e^- \rightarrow \nu_\mu + e^-.$$

Durch Vergleich mit den Experimenten erhält man für den Weinberg-Winkel aus diesen beiden als Beispiel betrachteten Reaktionen $\sin^2 \theta_w \approx 0{,}25$. Aus einer Vielzahl unterschiedlicher Experimente, die im folgenden noch teilweise erwähnt werden, hat man gegenwärtig einen gewichteten Mittelwert von $\sin^2 \theta_w = 0{,}230 \pm 0{,}009$.

Vergleicht man ferner die 4-Fermionenkopplung und die Kopplung über den Austausch eines Vektorbosons, so erhält man

$$\frac{G}{\sqrt{2}} = \frac{g_1{}^2}{8m_{\mathrm{w}}{}^2} = \frac{e^2}{8m_{\mathrm{w}}{}^2 \sin^2 \theta_w}. \tag{5.72}$$

Mit den bekannten Zahlenwerten von G und $\sin^2 \theta_w$ ergeben sich dann

$$m_{\mathrm{W}\pm} \approx 78\ \mathrm{GeV}/c^2 \quad \text{und} \quad m_{\mathrm{Z^0}} = m_{\mathrm{W}}/\cos \theta_w \approx 89\ \mathrm{GeV}/c^2$$

als Massen der Vektorbosonen.

Mit der im Jahre 1981 zu erwartenden Inbetriebnahme eines Proton-Antiproton-Speicherringes am Super-Protonensynchrotron des CERN wird erstmalig an einem Beschleuniger eine Energie im Schwerpunktsystem zur Verfügung stehen, die ausreichend zur Erzeugung derart massiver Teilchen ist.

Typische leptonische Zerfallskanäle, in denen nach dem W-Boson gesucht wird, sind

$$\left. \begin{aligned} \mathrm{W}^+ &\to \mu^+ \nu_\mu \\ \mathrm{W}^+ &\to \mathrm{e}^+ \nu_\mathrm{e} \end{aligned} \right\} \tag{5.73}$$

GLASHOW, ILIOPOULOS und MAIAMI gelang es mit einigem Erfolg, das Quarkbild in die einheitliche Theorie der elektromagnetischen und schwachen Wechselwirkung einzubeziehen.

Die vier Quarks werden ebenso wie das muonische und das elektronische Leptonenquartett (s. Tab. 5.2) behandelt. Lediglich die Ladungen der Quarks sind um $+2/3$ gegenüber denen der entsprechenden Leptonen verschoben. Es werden also wiederum folgende Annahmen gemacht:

— Alle Quarks haben verschwindende Masse.
— Sie besitzen einen schwachen Isospin und eine schwache Hyperladung derart, daß $Q = I_3 + Y/2 + 2/3$ ist.
— Die Quarks existieren nur in entweder vollständig links- oder rechtshändig polarisierten Zuständen.

Möge dem ν_e der u-Quark und dem ν_μ der c-Quark entsprechen, so kann das Elektron sowohl dem d-Quark als auch dem s-Quark zugeordnet werden. Analoge Möglichkeiten bestehen für das Muon. In Abschn. 5.2 wurde der schwache hadronische Strom in einen hyperladungsändernden und einen hyperladungserhaltenden Anteil zerlegt, deren relative Beiträge durch den Cabibbo-Winkel θ_c bestimmt werden. Notwendigerweise muß man daher dem Elektron und dem Muon gemischte Quarks zuordnen:

$$d' \equiv d \cdot \cos \theta_c + s \cdot \sin \theta_c,$$
$$s' \equiv d \cdot \sin \theta_c + s \cdot \cos \theta_c. \tag{5.74}$$

Die der Tabelle 5.2 entsprechenden Zuordnungen sind in Tabelle 5.3 zusammengefaßt. Unter Verwendung

Tabelle 5.3

Teilchen	I	I_s	Y	Q
u_L, c_L		$+1/2$		$+2/3$
	$1/2$		-1	
d_L', s_L'		$-1/2$		$-1/3$
u_R, c_R			0	$+2/3$
	0	0		
d_R', s_R'			-2	$-1/3$

dieser Annahmen läßt sich der Wechselwirkungsteil der Lagrange-Dichte für die verschiedenen semileptonischen und hadronischen Prozesse angeben. An Stelle der Leptonenfelder ψ_e der rein leptonischen Prozesse sind in der Lagrange-Dichte die zugeordneten Quarkfelder ψ_q einzusetzen. Für die Anteile der Lagrange-Dichte, in denen d' und s' auftritt, ergeben sich die Cabibbo-Terme der 4-Fermionen-Wechselwirkung. Für den geladenen hadronischen Strom etwa

$$J_\mu^+ = \cos \theta_c [\bar{\psi}_u \gamma_\mu (1 - \gamma_5)\, \psi_d + \bar{\psi}_c \gamma_\mu (1 - \gamma_5)\, \psi_s]$$
$$+ \sin \theta_c\, [\bar{\psi}_u \gamma_\mu (1 - \gamma_5)\, \psi_s - \bar{\psi}_c \gamma_\mu (1 - \gamma_5)\, \psi_d] \tag{5.75}$$

und für den neutralen hadronischen Strom

$$J_\mu{}^0 = \frac{1}{2} \left[\bar{\psi}_u \gamma_\mu (1 - \gamma_5)\, \psi_u + \bar{\psi}_c \gamma_\mu (1 - \gamma_5)\, \psi_c \right.$$

$$\left. - \bar{\psi}_{d'} \gamma_\mu (1 - \gamma_5)\, \psi_{d'} - \bar{\psi}_{s'} \gamma_\mu (1 - \gamma_5)\, \psi_{s'} \right] - \sin^2 \theta_w \cdot J_{em}$$

$$= \frac{1}{2} \left[\bar{\psi}_u \gamma_\mu (1 - \gamma_5)\, \psi_u + \bar{\psi}_c \gamma_\mu (1 - \gamma_5)\, \psi_c \right.$$

$$\left. - \bar{\psi}_d \gamma_\mu (1 - \gamma_5)\, \psi_d - \bar{\psi}_s \gamma_\mu (1 - \gamma_5)\, \psi_s \right] - \sin^2 \theta_w \cdot J_{em}$$

$$(5.76)$$

(J_{em} ist der elektromagnetische Strom).

Der neutrale hadronische Strom (5.76) enthält nicht den Cabibbo-Winkel θ_c. Daher sind beispielsweise Übergänge zwischen d- und s-Quarks verboten. Das erklärt die Unterdrückung der die Hyperladung ändernden neutralen Ströme der Zerfälle $K^0 \to \mu^+ + \mu^-$ und $K^\pm \to \pi^\pm + \nu + \bar{\nu}$.

Im geladenen hadronischen Strom erscheint ein Teil proportional $\cos \theta_c \approx 0{,}97$, der die Übergänge $u \leftrightarrow d$ und $c \leftrightarrow s$ beschreibt, und ein Teil proportional $\sin \theta_c \approx 0{,}23$, der die daher stark unterdrückten Übergänge $u \leftrightarrow s$ und $c \leftrightarrow d$ beschreibt. Das Verhalten des schwachen hadronischen Stroms illustriert Abb. 28. Die Ecken des Quadrats bilden die vier Quarks. Die ausgezogenen Pfeile zeigen die bevorzugten, die gestrichelten

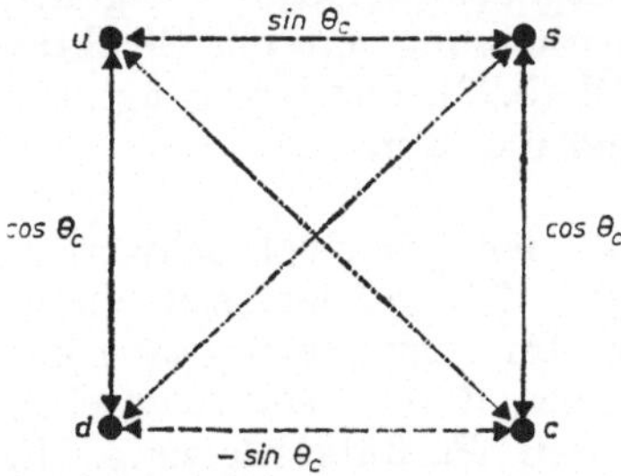

Abb. 28. Schematische Darstellung des Verhaltens der schwachen hadronischen Ströme. ═══ $|\Delta Q| = 1$ ——·—— $|\Delta Q| = 0$

die unterdrückten Übergänge des geladenen hadronischen Stroms. Wegen der starken Kopplung zwischen c und s sollte man erwarten, daß Teilchen mit der Charmquantenzahl $C = 1$ bevorzugt bei schwachen hadronischen Zerfällen in Teilchen mit $S = 1$ übergehen.

Für die schwachen Zerfälle der pseudoskalaren Mesonen mit der Charmquantenzahl $C = 1$ sind die experimentellen Beobachtungen mit den theoretischen Erwartungen in Übereinstimmung. Insbesondere bestätigen die vorliegenden Daten die starke Kopplung zwischen c- und s-Quarks. Ein typisches Beispiel zeigt das Liniendiagramm

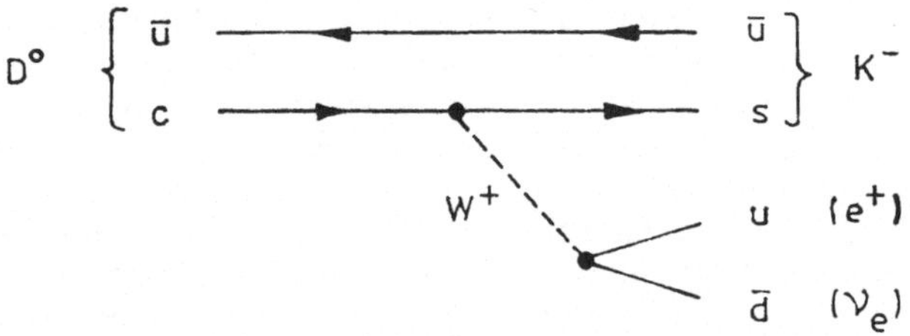

für den schwachen hadronischen Zerfall $D^0 \rightarrow K^- + \pi^+$ bzw. den schwachen semileptonischen Zerfall $d^0 \rightarrow K^- + e^+ + \nu_e$.

Die Übergänge durch neutrale Ströme sind durch diagonale Pfeile in Abb. 28 angedeutet. Beide Übergänge sind aber nicht in Übereinstimmung mit der Struktur des neutralen Stromes in Gl. (5.76), der Übergänge der Art $d \leftrightarrow s$ mit $|\Delta Y| = 1$ und $u \leftrightarrow c$ mit $|\Delta C| = 1$ nicht zuläßt.

Die Paritätsverletzung bei den geladenen schwachen Strömen ist, wie in Abschn. 5.2 gezeigt, seit vielen Jahren sicher nachgewiesen. Im Jahre 1978 gelang der experimentelle Nachweis einer durch den schwachen neutralen Strom verursachten Paritätsverletzung. In einem der Experimente wurde die inelastische Streuung von polarisierten Elektronen an Deuteronen und

Protonen untersucht. Aus der Interferenz zwischen dem γ-Austausch und dem Z^0-Austausch erwartet man eine Asymmetrie zwischen den Wirkungsquerschnitten der links- und rechtshändig polarisierten Elektronen $A = \sigma_R - \sigma_L/\sigma_R + \sigma_L$, die eine Paritätsverletzung des neutralen Stroms anzeigt. Aus dem Vergleich der Meßwerte mit der Weinberg-Salam-Theorie erhält man für den Weinberg-Winkel $\sin^2 \theta_w = 0{,}22 \pm 0{,}02$ in guter Übereinstimmung mit den in anderen Testen der $SU(2) \otimes U(1)$-Eichtheorie experimentell ermittelten Werten.

Alle bisher untersuchten Prozesse lassen sich durch die kurz skizzierte $SU(2) \otimes U(1)$ einheitliche Eichtheorie der elektromagnetischen und der schwachen Wechselwirkung beschreiben. Der experimentelle Beweis für die Richtigkeit der Theorie, der Nachweis der drei Feldquanten $W^\pm$, Z^0 und insbesondere des Higgs-Bosons steht jedoch noch aus.

5.4. Quantenchromodynamik

Nach den Erfolgen der einheitlichen Theorie der elektromagnetischen und der schwachen Wechselwirkung stand auch für die starke Wechselwirkung die Aufgabe, eine Eichfeldtheorie vom Yang-Mills-Typ zu formulieren. Das wurde mit der Entwicklung der Quantenchromodynamik (QCD) annähernd erreicht, wobei allein der Umstand, sie in Form einer nichtabelschen Eichtheorie zu konstruieren, einen wesentlichen Anteil an ihrer Reputation bei den Hochenergiephysikern ausmacht.

Im vierten Kapitel wurde gezeigt, daß sich alle Hadronen in einer wohldefinierten Weise aus Quarks zusammensetzen. Wenn also zwei hochenergetische Hadronen zusammenstoßen, sollte auch der Stoßvorgang als Wechselwirkung der Quarks zu verstehen sein. Neben den u-, d-, s- und c-Quarks, die sich durch die entsprechenden Flavor-Quantenzahlen Isospin, Hyperladung und Charm unterscheiden, wurde in Abschn. 4.5 auch der im Jahre 1977 entdeckte b-Quark vorgestellt. Die

Quarks q_f kommen also mindestens in fünf Flavorzuständen $f = 1, \ldots, 5$ vor. Gegenwärtig wird intensiv nach dem zweiten Partner dieses neuen Quark-Dubletts, dem t-Quark, gesucht.

Um die gesamte Wellenfunktion der Baryonen im Grundzustand entsprechend der Forderung des verallgemeinerten Pauli-Prinzips antisymmetrisch zu machen, wurde als weiterer Freiheitsgrad die Farbe eingeführt (s. Abschn. 4.2). Der Quarkspinor hat also im Farbraum drei Freiheitsgrade ($j = 1, 2, 3$). Er sei durch einen Vektor

$$g_f = \begin{pmatrix} q_{f1} \\ q_{f2} \\ q_{f3} \end{pmatrix} \tag{5.77}$$

dargestellt. Wie die experimentelle Erfahrung zeigt, treten die Hadronen nur als Farbsinguletts auf. Die Quarks transformieren sich hinsichtlich der Farbe wie eine $SU(3)$-Gruppe, die wir zur Unterscheidung von der $SU(3)$-Flavorgruppe durch $SU(3)_c$ bezeichnen wollen. Wir besitzen keine experimentellen Hinweise — „farbige" Zustände wurden nicht beobachtet —, daß die $SU(3)_c$-Symmetrie durch die starke Wechselwirkung gebrochen wird. Die $SU(3)_c$-Gruppe ist daher als exakt gültige Symmetrie zu betrachten.

Die $SU(3)_c$-Invarianz wird nun wie im Falle der $SU(2) \otimes U(1)$-Gruppe als lokale Eichinvarianz aufgefaßt. Die acht erzeugenden Operatoren der $SU(3)_c$-Gruppe sind wiederum die in Abschn. 4.6 eingeführten Spinmatrizen $\lambda_i/2$ ($i = 1, \ldots, 8$) und es gilt:

$$[\lambda_i, \lambda_j] = 2i\varepsilon^{ijk}\lambda_k; \quad \mathrm{Sp}\ \lambda_i = 0. \tag{5.78}$$

Da die $SU(3)_c$-Invarianz exakt erfüllt ist, sind eine Kopplungskonstante g und ein 8 komponentiges masseloses Vektorfeld $G_\mu{}^i(x)$ als lokales Eichfeld einzuführen. Die $G_\mu{}^i(x)$ bezeichnet man als Gluonen[1]), ein Begriff, der

---

[1]) Englisch glue = Klebstoff, Leim

ihre Bedeutung für die Quarkbindung zum Ausdruck bringt. Die kovariante Ableitung ist

$$D_\mu \equiv \partial_\mu - ig\,\frac{\lambda_i}{2}\,G_\mu{}^i(x), \qquad (5.79)$$

wobei über die acht Farbindizes i zu summieren ist. Der Feldtensor des Eichfeldes ist

$$F^i_{\mu\nu} = \partial_\mu G_\nu{}^i - \partial_\nu G_\mu{}^i + g\varepsilon^{ijk}G_\mu{}^j G_\nu{}^k, \qquad (5.80)$$

wobei über k und l zu summieren ist. Die eichinvariante Lagrange-Dichte der QCD hat dann die Form

$$\mathscr{L} = \sum_f \bar\psi_{\mathrm{q}f}\,(i\gamma\mu D_\mu - m_f)\,\psi_{\mathrm{q}f} - \frac{1}{4}\,F^i_{\mu\nu}F^{i\mu\nu}. \qquad (5.81)$$

Sie ist invariant unter der infinitesimalen lokalen Transformation

$$\psi_{\mathrm{q}} \to \psi_{\mathrm{q}}' = \left(1 + \frac{i}{2}\,\theta^i(x)\,\lambda_i\right)\psi_{\mathrm{q}},$$
$$G_\mu{}^i \to G_\mu{}^{i\,\prime} = G_\mu{}^i + \varepsilon^{ijk}G_\mu{}^j\theta^k + \frac{1}{g}\,\partial_\mu\theta^i. \qquad (5.82)$$

Zur Formulierung der endlichen lokalen Eichtransformation

$$U(x) = \exp\left(\frac{i}{2}\,\theta^i(x)\,\lambda_i\right) \quad \text{bildet man}$$
$$G_\mu(x) = G_\mu{}^i(x)\,\frac{\lambda_i}{2}; \quad F_{\mu\nu}(x) \equiv F^i_{\mu\nu}(x)\,\frac{\lambda_i}{2}. \qquad (5.83)$$

Dann wird

$$\psi_{\mathrm{q}} \to \psi_{\mathrm{q}}' = U\psi_{\mathrm{q}},$$
$$G_\mu \to G_\mu' = UG_\mu U^{-1} + \frac{i}{g}\,U\,\partial_\mu U^{-1}. \qquad (5.84)$$

Durch diese Definition transformiert sich $D_\mu\psi_{\mathrm{q}}$ unter der lokalen Eichtransformation genauso wie ψ_{q}.

Die $F_{\mu\nu}$ enthalten die Kopplungskonstante der starken Wechselwirkung g. Koppelt man weitere Quarkfelder mit anderem Flavor, so muß es mit der gleichen Kopplungskonstanten geschehen, wenn die Eichinvarianz gewahrt werden soll.

In der Lagrange-Dichte der QCD treten neben Anteilen der freien Quark- und Gluonfelder folgende Wechselwirkungsterme auf:

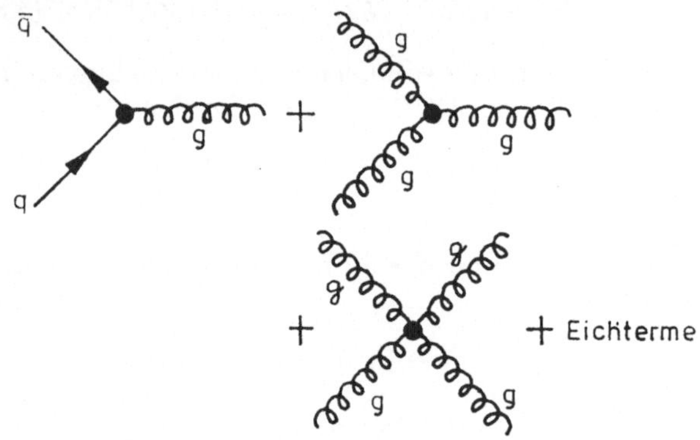

Das heißt, neben dem Wechselwirkungsterm zwischen zwei Quarks und einem Gluon kommen 3- und 4-Gluonen-Wechselwirkungsbeiträge vor. Solche Anteile gibt es in der QED nicht. Sie sind typisch für nichtabelsche Eichtheorien. Der experimentell schwierige Nachweis dieser Gluonenwechselwirkungsanteile könnte, wenn er gelänge, zweifellos als direkte experimentelle Bestätigung der QCD betrachtet werden.[1]

Die Gluonen kommen in acht Farbladungsvarianten vor. Sie können selbst ebensowenig wie die Quarks als freie Teilchen in Erscheinung treten, da gemäß der Color-hypothese alle Hadronen nur als Farbsinguletts auftreten.

---

[1] In $\mathscr{L}$ treten noch Kopplungen an sogenannten „Geisterfeldern" auf. Diese zusätzlichen Anteile ändern jedoch die meßbaren Aussagen der Theorie nicht.

Durch die Gluonwechselwirkung kann der Quarkflavor, d. h., ob es sich um ein u, d, . . .-Quark handelt, nicht unterschieden werden. Gluonen sind gegenüber der Flavorquantenzahl nicht empfindlich. Das ist etwa mit der Tatsache vergleichbar, daß in der QED die Wechselwirkung des Photons nicht zwischen dem Elektron und dem Muon unterscheidet.

Die Eigenschaften der QCD-Felder sind noch einmal in Tabelle 5.4 zusammengefaßt.

Die QCD muß, um eine physikalisch brauchbare Theorie

Tabelle 5.4

Felder (Teilchen)	Ladung	Masse	Spin	Anzahl der Flavor	Anzahl der Farbzustände
Quarks	$\pm 1/3\,e$; $\pm 2/3\,e$	≈ 0	$1/2$	5	3
Gluonen	0	0	1	1	8

zu sein, zwei durch das Experiment geforderte Bedingungen berücksichtigen.

1) Das bereits in Abschn. 4.5 besprochene Confinement, d. h. die Tatsache, daß Quarks und Gluonen als freie Teilchen bisher nicht nachgewiesen werden konnten.

Das wird durch die Colorhypothese beschrieben. Die QCD liefert jedoch keinen dynamischen Grund für die Gefangenschaft von Quarks und Gluonen. Das Confinement-Potential haben wir bei der nichtrelativistischen Behandlung der gebundenen Quarkzustände in Abschn. 4.5 gewissermaßen „von Hand" in die Theorie gebracht. Das ist eine ernste Unzulänglichkeit der QCD. Erst nach der Lösung dieses Problems ist die Quantenchromodynamik als eine befriedigende Feldtheorie zu betrachten.

2) Das Verhalten der Quarks bei der tiefinelastischen Streuung. Bei sehr großen, im Stoß übertragenen Viererimpulsen Q^2 verhalten sich die Quarks wie freie, punktförmige Fermionen (s. Kap. 7). Die Quark-Quark- bzw. Quark-Gluon-Wechselwirkung wird mit wachsender Ener-

gie asymptotisch immer schwächer. Quarks und Gluonen sind bei extrem großen Impulsübertragungen als freie Teilchen zu betrachten. Diese Eigenschaft bezeichnet man als asymptotische Freiheit.

Im Gegensatz zum Confinement fügt sich die asymptotische Freiheit gut in den Rahmen der QCD ein. Man kann zeigen, daß von allen möglichen renormierbaren Feldtheorien gerade die nichtabelschen Eichtheorien asymptotisch frei sind.

Aus der Lagrange-Dichte der QCD können mittels der im tiefinelastischen Bereich anwendbaren Störungstheorie die einzelnen Matrixelemente berechnet werden. Die Rechnungen ergeben eine logarithmische Variation der effektiven Kopplungskonstante $\alpha_s(Q^2) = g^2/4\pi$ mit dem übertragenen Viererimpuls Q^2

$$\alpha_s(Q^2) = \frac{12\pi}{(33 - 2N_f)\ln Q^2/\Lambda^2}, \quad \text{für } Q^2 \to \infty, \quad (5.85)$$

wobei Λ eine experimentell zu bestimmende Konstante ($\Lambda \approx 0{,}4\,\text{GeV}$) und N_f die Zahl der Quarkflavors bezeichnet. In einer renormierbaren Feldtheorie erweist sich die effektive Kopplungskonstante α_s als Funktion des im Stoß übertragenen Viererimpulses.

Eine direkte Konfrontation zwischen dem durch die asymptotische Freiheit vorausgesagten Verhalten und dem Experiment beschränkt sich auf wenige Prozesse, wo die gemessenen Größen nur vom Verhalten der wechselwirkenden Quarks bei sehr kleinen Abständen abhängen. Die wichtigste Gruppe dieser Reaktionen sind die tiefinelastischen Lepton-Hadron-Streuungen, die wir in Kapitel 7 näher betrachten werden.

Abschließend noch einige Bemerkungen zu näherungsweise nichtrelativistischen Konsequenzen aus der QCD.

Betrachtet man die elektromagnetische Wechselwirkung sehr schwerer elektromagnetischer Ladungsträger, so erhält man das Coulombsche Gesetz, d. h., der Wert des elektrischen Potentials fällt mit $1/r$ ab.

Das ist, wie wir in Abschn. 5.1 gesehen haben, eine Folge der Masselosigkeit des Feldquants des elektromagnetischen Feldes.

Für kleine Abstände zwischen den Quarks, wie wir sie beispielsweise in den schweren Charmonium-Zuständen vorfinden, kann man sich in der Störungsrechnung auf den Ein-Gluon-Austausch beschränken. Das zum masselosen Gluon-Austausch

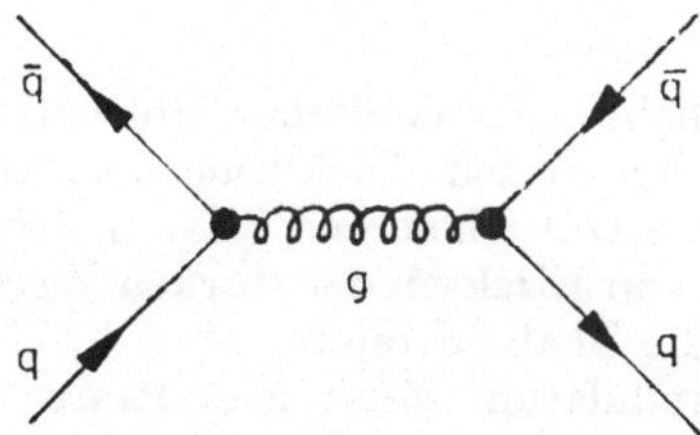

gehörige Potential zwischen den schweren Quarks liefert in den Mesonen ebenfalls einen Coulomb-Term der Form

$$-4/3 \,\frac{\alpha_s}{r} \quad \text{mit} \quad \alpha_s = \frac{g^2}{4\pi}. \tag{5.86}$$

Für die langreichweitige Confinement-Kraft wird ein lineares Wachsen des Potentials mit dem Abstand angenommen, so daß das Gesamtpotential die in (4.33) angegebene Gestalt erhält. Durch das Studium des Potentials der Charmoniumzustände läßt sich die ungefähre Größe der Kopplungskonstanten der QCD bestimmen.

Es besteht die begründete Hoffnung, mit dieser nichtabelschen Eichfeldtheorie die beobachteten Verhaltensweisen der Quarks beschreiben zu können. Zur Zeit kann man es jedoch keineswegs als gesichert ansehen, daß die Quark-Wechselwirkungen durch die QCD mit masselosen, Farbladung tragenden Gluonfeldern und den Farben der Quarks als deren Quelle richtig beschrieben werden. Gegenwärtig verfügen wir weder über schlüssige experimentelle Teste der QCD, noch ist die zentrale Frage der Theorie, die Dynamik des Quark-Confinements, gelöst. Bemerkenswert ist jedoch der experimentelle Hinweis auf eine Gluon-Bremsstrahlung, die kürzlich bei der Untersuchung der e$^+$e$^-$-Annihilation beobachtet wurde.

6.   e$^+$e$^-$-Reaktionen

Die wesentliche physikalische Motivation bei der Entwicklung der ersten Elektronenspeicherringe war der Wunsch, die Gültigkeit der QED in Reaktionen zu testen, die frei von Effekten der starken Wechselwirkung sind wie etwa die Bhaba-Streuung e$^+$ + e$^-$ → e$^+$ + e$^-$.

Bei der Annihilation eines e$^+$e$^-$-Paares kann auch ein Hadronensystem mit den Quantenzahlen des Photons gebildet werden. Zu den Arbeiten an den ersten Speicherringanlagen in Novosibirsk und Orsay zählten daher Untersuchungen der Eigenschaften der bekannten Vektormesonen ρ, ω und Φ.

Mit der in Abschn. 4.3 geschilderten Entdeckung der J/Ψ-Teilchen begann ein neuer Abschnitt der Forschung mittels der leistungsfähigsten e$^+$e$^-$-Speicherringe. Nahezu alles, was wir heute über die Charmonium-Zustände, aber auch über die pseudoskalaren Mesonen mit Quantenzahlen $C = \pm 1$ wissen, wurde in Experimenten an den Speicherringanlagen in Stanford (SLAC) und in Hamburg (DESY) entdeckt.

Im Jahre 1975 fanden M. PERL und Mitarbeiter am Speicherring in Stanford einige anomale Prozesse, deren nachfolgende detaillierte Untersuchung in Stanford und Hamburg zur Entdeckung eines dritten geladenen Leptons τ führte, dessen Masse weit oberhalb der Muonmasse liegt.

Aus der großen Anzahl physikalischer Untersuchungen mittels e$^+$e$^-$-Speicherringen sollen im folgenden nur einige Beispiele betrachtet werden.

6.1. e⁺e⁻-*Annihilationen*

Ein möglicher Prozeß ist die Reaktion

$$e^+ + e^- \rightarrow \mu^+ + \mu^-. \tag{6.1}$$

In der niedrigsten Ordnung wird sie durch das Feynman-Diagramm

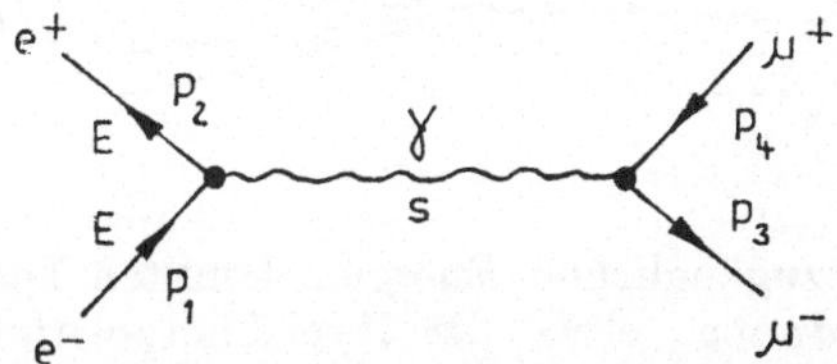

beschrieben. Darin bezeichnen die p_i die Viererimpulse der beteiligten Teilchen und $\sqrt{s} = \sqrt{(p_1 + p_2)^2} = 2E$ die Gesamtenergie im Schwerpunktsystem. Für diesen Graphen ergeben die QED-Rechnungen den differentiellen Wirkungsquerschnitt bei relativistischen Energien ($|\boldsymbol{p}_\mu| \approx E$)

$$\frac{\mathrm{d}\sigma}{\mathrm{d}\Omega} = \frac{\alpha^2}{4s}\,(1 + \cos^2\theta), \tag{6.2}$$

wobei α die Feinstrukturkonstante und θ der Winkel zwischen dem einlaufenden e⁺ und dem auslaufenden μ^+ ist. Der über den Raumwinkel integrierte totale Wirkungsquerschnitt ist

$$\sigma(e^+e^- \rightarrow \mu^+\mu^-) = \frac{4\pi}{3}\,\frac{\alpha^2}{s}. \tag{6.3}$$

Ein Vergleich der QED-Rechnungen mit den Messungen sowohl des differentiellen Wirkungsquerschnitts als auch des totalen Wirkungsquerschnitts der Reaktion (6.1) zeigt eine bemerkenswert gute Übereinstimmung zwischen Theorie und Experiment, wenn Strahlungskorrekturen berücksichtigt werden.

Beim e^+e^--Stoß können bei ausreichender Energie der beiden Leptonen natürlich auch Hadronen erzeugt werden, wobei Elektron und Positron annihilieren. In niedrigster Näherung läßt sich dieser Prozeß durch das Ein-Photondiagramm beschreiben. Bei den bis zum

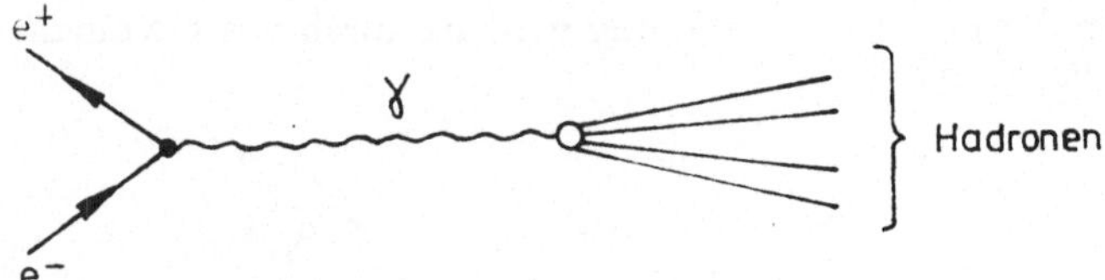

Jahre 1979 zugänglichen Energien konnten Diagramme höherer Ordnung, etwa die Zwei-Photon-Annihilation $[\sim \alpha^4 \ln^2 (E/m_e)]$, vernachlässigt werden.

Bei der Ein-Photon-Annihilation muß wegen der Quantenzahlerhaltung das Hadronensystem Spin, Parität und Ladungsparität des Photons besitzen ($J^{PC} = 1^{--}$). Die Einführung der Quark-Hypothese führt zu der Annahme, daß die Photon-Hadron-Wechselwirkung hauptsächlich eine Photon-Quark-Wechselwirkung ist.

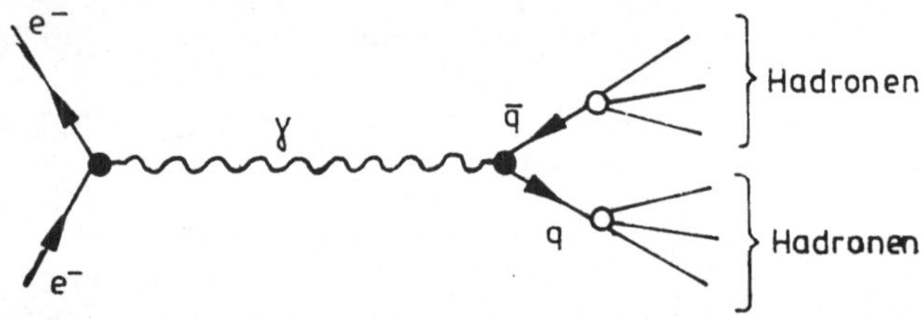

Da sowohl Quarks wie Muonen Fermionen sind, ist der Wirkungsquerschnitt für die Erzeugung eines freien $q\bar{q}$-Paares der gleiche wie für die Erzeugung eines $\mu^+\mu^-$-Paares. Lediglich die Quarkladung Q_i modifiziert die $q\bar{q}$-Kopplung.

$$\sigma(e^+e^- \to q\bar{q}) = Q_i^2 \sigma(e^+e^- \to \mu^+\mu^-). \qquad (6.4)$$

Nimmt man ferner an, daß die $q\bar{q}$-Paare mit der Wahrscheinlichkeit Eins in Hadronen übergehen (fragmentieren), so erhält man den totalen Wirkungsquerschnitt für die Hadronenerzeugung durch Summation über alle möglichen $q\bar{q}$-Paare.

$$R = \frac{\sigma(e^+e^- \to \text{Hadronen})}{\sigma(e^+e^- \to \mu^+\mu^-)} = \sum_i{}' Q_i^2. \qquad (6.5)$$

D. h., das Verhältnis R beider Wirkungsquerschnitte soll konstant sein und je nach der Art des verwendeten Quarkmodells eine Aussage über die Zahl der am Prozeß beteiligten Quarks gestatten. In der nachfolgenden Tabelle sind die zu erwartenden R-Werte verschiedener Quark-Modelle zusammengefaßt.

Quark-Modell	$R = \sum\limits_i Q_i^2$
(u, d, s)	$\dfrac{4}{9} + \dfrac{1}{9} + \dfrac{1}{9} = \dfrac{2}{3}$
(u, d, s) $\otimes$ Farbe	$\dfrac{2}{3} \cdot 3 = 2$
(u, d, s, c)	$\dfrac{4}{9} + \dfrac{1}{9} + \dfrac{1}{9} + \dfrac{4}{9} = 1\dfrac{1}{9}$
(u, d, s, c) $\otimes$ Farbe	$1\dfrac{1}{9} \cdot 3 = 3\dfrac{1}{3}$
(u, d, s, c, b) $\otimes$ Farbe	$1\dfrac{2}{9} \cdot 3 = 3\dfrac{2}{3}$
(u, d, s, c, b, t) $\otimes$ Farbe	$1\dfrac{6}{9} \cdot 3 = 5$

Abb. 29 zeigt das experimentell ermittelte Verhalten von R als Funktion der Gesamtenergie $\sqrt{s}$ im Schwerpunktsystem. Resonanzstrukturen wie ρ, ω, φ, J/Ψ und Ψ''

10*

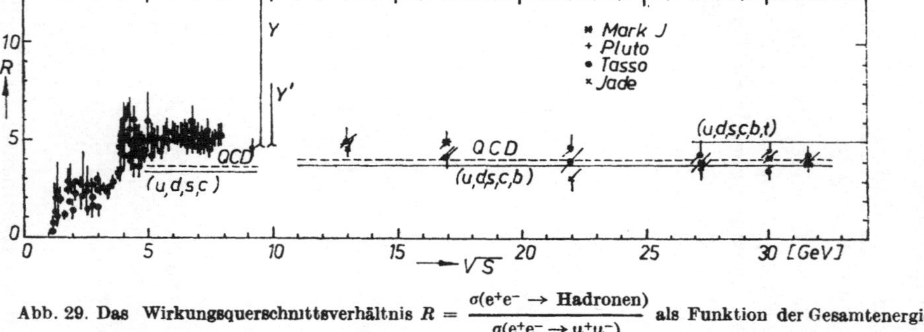

Abb. 29. Das Wirkungsquerschnittsverhältnis $R = \dfrac{\sigma(e^+e^- \to \text{Hadronen})}{\sigma(e^+e^- \to \mu^+\mu^-)}$ als Funktion der Gesamtenergie $\sqrt{s}$ in GeV im Schwerpunktsystem. Die ausgezogene Linie entspricht den Vorhersagen des Quarkmodells. Die gestrichelte Linie entspricht den Vorhersagen des Quarkmodells mit einer Korrektur für die Gluon-Emission.

sind dabei vernachlässigt. Zwischen $\sqrt{s} \approx 2{,}4$ GeV und $\approx 3{,}8$ GeV ist R annähernd konstant mit $R \approx 2{,}5 \pm 0{,}3$. Zwischen $\sqrt{s} \approx 4{,}5 - 5$ GeV steigt R auf $\approx 4{,}5$ an und bleibt auch bei höheren Energien näherungsweise konstant. Die Meßpunkte bei $\sqrt{s} \geqq 13$ GeV zählen zu den ersten Resultaten, die mit dem neuen Speicherring PETRA in Hamburg in mehreren voneinander unabhängigen Experimenten erhalten wurden. Schreibt man die Schwelle bei ≈ 4 GeV im Verhalten von R der Erzeugung von c-Quarks zu, so befinden sich die Beobachtungen in Übereinstimmung mit dem Modell farbiger Quarks. Unterhalb der Schwelle wird für ein farbiges Quark-Triplett $R = 2$ erwartet. Das stimmt näherungsweise mit den Messungen überein. Oberhalb der Charm-Schwelle wird für ein farbiges Quark-Quadruplett $R = 3\,1/3$ erwartet. Das liegt deutlich unterhalb der Meßwerte.

In der asymptotischen freien Theorie wurde für Gluonen eine Korrektur berechnet. Das Resultat ist

$$\sigma(\text{e}^+\text{e}^- \rightarrow \text{Hadronen}) = \sum_i Q_i{}^2 \left(1 + \frac{\alpha_s}{\pi} \right) \qquad (6.6)$$

Die Stärke der Gluon-Quark-Kopplung α_s ist, wie in Abschn. 5.4 gezeigt, in einer asymptotischen freien Eichfeldtheorie energieabhängig. Subtrahiert man oberhalb von 4 GeV auch noch einen ΔR-Anteil entsprechend der Bildung eines τ-Leptons, so befinden sich auch in diesem Energiebereich die Messungen näherungsweise in Übereinstimmung mit dem Modell farbiger Quarks.

Oberhalb der Schwelle der Erzeugung von b-Quarks befinden sich die Vorhersagen des Modells in guter Übereinstimmung mit den Meßwerten. Auch bei der höchsten bisher erreichten Energie von $\sqrt{s} = 31{,}6$ GeV enthalten die Messungen keinen Hinweis auf eine neue Schwelle im R-Verhalten, die einem t-Quark mit der Ladung $Q_i = 2/3$ zuzuordnen wäre. Das R-Verhalten ist ein weiterer indirekter experimenteller Hinweis auf die Gültigkeit der Farbhypothese.

Eine andere unmittelbare Konsequenz der Annahme, daß die e^+e^--Annihilation in Hadronen über die Bildung eines $q\bar{q}$-Paares erfolgt, ist die Fragmentation der beiden Quarks in zwei strahlenartige Hadronenbündel (Jets). In einem Speicherring-Experiment haben das einlaufende Positron bzw. Elektron gleichgroße entgegengesetzt gerichtete Impulse. Die beiden Hadronen-Jets sollten sich daher in entgegengesetzten Richtungen entlang einer gemeinsamen Jet-Achse bewegen.

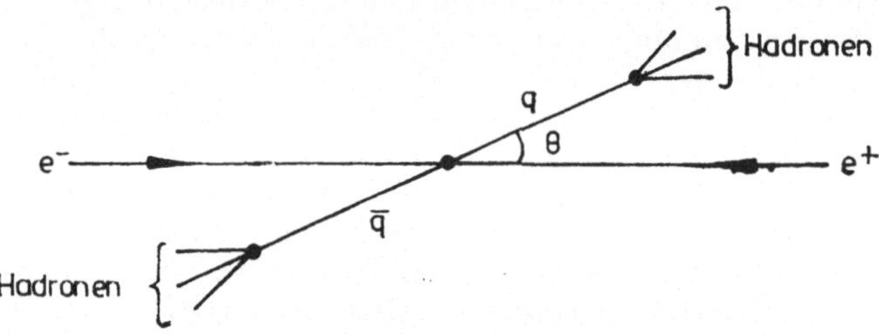

Die Hadronen der beiden Jets müßten die $\cos\theta$-Verteilung des primär erzeugten $q\bar{q}$-Paares reflektieren. Die Winkelverteilung der beiden Fermionen sollte die gleiche sein wie bei der Annihilation in ein $\mu^+\mu^-$-Paar:

$$W(\theta) \simeq 1 + \cos^2\theta. \qquad (6.7)$$

Die ersten experimentellen Hinweise auf eine Jet-Struktur der Hadronen erhielt man im Jahre 1975 in einem Experiment in Stanford. In den folgenden Jahren wurden mehrere Experimente mit dem Ziel des experimentellen Nachweises von Jets in Stanford und Hamburg durchgeführt.

Zur Identifizierung eines Jets wurden unterschiedliche Variable eingeführt. Eine häufig benutzte Größe ist die Kugelförmigkeit (Sphericity) S.

Für die Sphericity wird die gemeinsame Achse beider Jets durch die Forderung definiert, daß die Summe der Quadrate, der Transversalimpuls $p_{\perp i}$ der Hadronen ein

Minimum sein soll,

$$\sum_i p_{\perp i}^2 = \min.$$

Die Sphericity für jedes Ereignis ist dann

$$S = \frac{3}{2} \frac{\sum\limits_i p_{\perp i}^2}{\sum\limits_i p_i{}^2}, \qquad (6.8)$$

wobei $p_{\perp i}$ bezüglich der Jet-Achse gemessen wird. Würden alle in e$^+$e$^-$-Annihilation erzeugten Hadronen isotrop emittiert, so wäre $S = 1$. Für den anderen Grenzfall $p_{\perp i}^2 \to 0$ für alle Teilchen ist dagegen $S = 0$. Die verschiedenen, in der Analyse der Meßdaten verwendeten Variablen führen zu etwas voneinander abweichenden Resultaten.

In der Regel gestatten die Detektorsysteme nur den Nachweis geladener Hadronen, so daß in den Impulsbilanzen die neutrale Komponente fehlt. Korrekturen bezüglich der Akzeptanz des verwendeten Detektorsystems oder Strahlungskorrekturen lassen sich nur mit Hilfe statistischer Verfahren anbringen.

In Abb. 30 ist die mittlere Sphericity $\langle S \rangle$ als Funktion der Gesamtenergie im Schwerpunktsystem $\sqrt{s}$ gezeigt. Die Daten sind verschiedenen Experimenten entnommen. Die Meßpunkte bei $\sqrt{s} \geq 13$ GeV zählen zu den ersten Resultaten, die am neuen Speicherring PETRA in Hamburg gewonnen wurden. Die Abnahme von $\langle S \rangle$ mit der Energie läßt sich qualitativ gut durch ein Modell beschreiben, in dem die beiden Jets durch Fragmentation aus dem q$\bar{\text{q}}$-Paar hervorgehen. Der Jet-Charakter wird mit wachsender Energie immer ausgeprägter.

Ein weiterer Test für den Fermionen-Charakter der beiden Quarks ist die Winkelverteilung der Jet-Achsen. Als Beispiel zeigt Abb. 31 die cos θ-Verteilung bei einer Energie von $\sqrt{s} = 7{,}7$ GeV. Die ausgezogene Kurve stellt die $1 + \cos^2 \theta$-Verteilung dar. Die gute Übereinstimmung ist ein weiterer Hinweis auf die Richtigkeit des Quarkbildes.

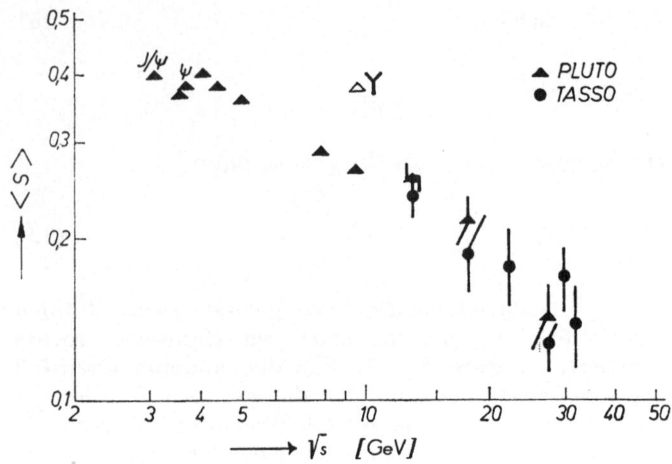

Abb. 30. Energieabhängigkeit der mittleren Sphericity $\langle S \rangle$.

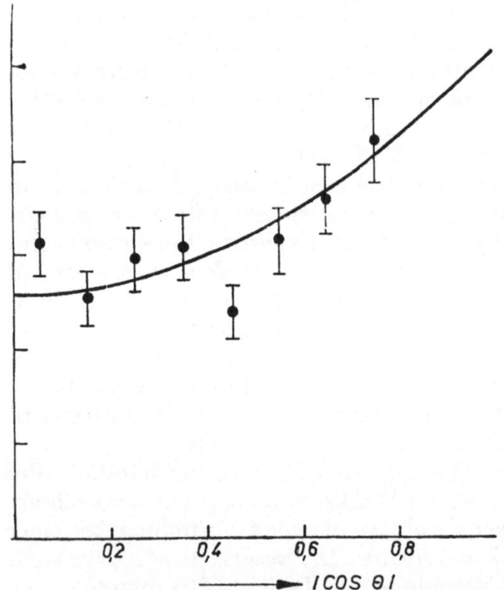

Abb. 31. Winkelverteilung der Jet-Achsen, gemessen bei einer Energie $\sqrt{s} = 7,7$
GeV mit der Anlage PLUTO. Die ausgezogene Kurve stellt die Funktion
$W(\theta) = 1 + \cos^2 \theta$ dar:

In Abb. 30 liegt der Wert der Sphericity bei der Schwerpunktenergie des Y-Mesons, d. h. bei $\sqrt{s} = 9{,}46\,\mathrm{GeV}$ (gekennzeichnet durch ein offenes Dreieck), deutlich oberhalb der benachbarten Meßpunkte. Das heißt, die Y-Ereignisse zeigen keinen 2-Jet-Charakter.

Diese Beobachtung widerspricht nicht den Erwartungen der QCD. Interpretiert man das Y-Vektormeson als einen $1\,^3S_1$-Zustand (Orthobottonium), so sollte das $J = 1$-System bei einem starken Zerfall nur an 3 Gluonen koppeln.[1]) Dabei ist angenommen, daß die neue Flavorquantenzahl des b-Quarks genau wie Isospin, Hyperladung und Charm in starken Wechselwirkungen erhalten bleibt.

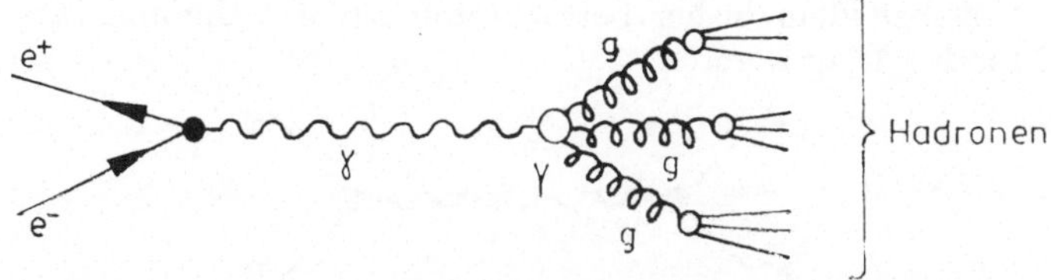

Wegen der großen Masse des Ypsilons muß jedes der drei Gluonen eine beträchtliche Energie tragen, so daß die Kopplungskonstante $\alpha_s(E)$ klein ist. Der starke Zerfall der schweren Quarkonium-Grundzustände erweist sich als stark unterdrückt (OZI-Regel).

Da im Speicherring das Y-Meson in einem Formationsexperiment, also in Ruhe gebildet wird, erwartet man die räumliche Anordnung der drei Jets aus der Fragmentation der drei Gluonen näherungsweise in einer Scheibe.

Wegen der geringen im Schwerpunktsystem zur Verfügung stehenden Energie erscheint es außerordentlich schwierig, eine derartige 3-Jet-Struktur der Hadronen aus dem Y-Zerfall nachzuweisen. Als experimentell gesichert läßt sich lediglich die in Abb. 30 gezeigte Abweichung von der 2-Jet-Struktur betrachten.

---

[1]) Das entspricht dem Zerfall des Orthopositroniums, d. h. eines e⁺e⁻-Systems mit $J = 1$, in drei reale Photonen.

Der Grundzustand des $t\bar{t}$-Systems, wobei t der noch zu entdeckende top-Quark ist, sollte nach den bisherigen Beobachtungen oberhalb $\gtrsim 30$ GeV liegen. Der Zerfall eines so massereichen Vektormesons müßte eine 3-Gluon-Jet-Struktur leichter finden lassen als der Zerfall des Y-Mesons.

Wohl das bemerkenswerteste Resultat des Jahres 1979 ist der Hinweis auf eine Gluonemission durch Bremsstrahlung der Quarks, die sich in der Jet-Struktur der Hadronen aus den e^+e^--Annihilationen bei den größten am Speicherring PETRA zur Verfügung stehenden Energien bemerkbar macht.

Neben dem bisher betrachteten zur Jet-Bildung führenden Diagramm

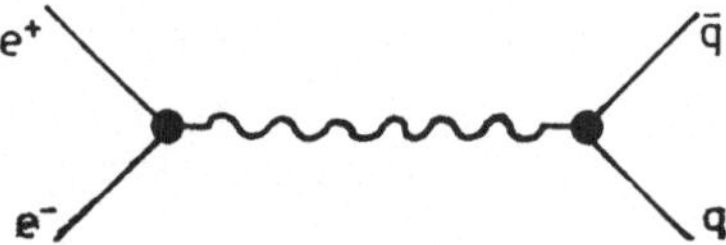

sind in der QCD-Störungsrechnung in erster Näherung folgende Beiträge zu berücksichtigen:

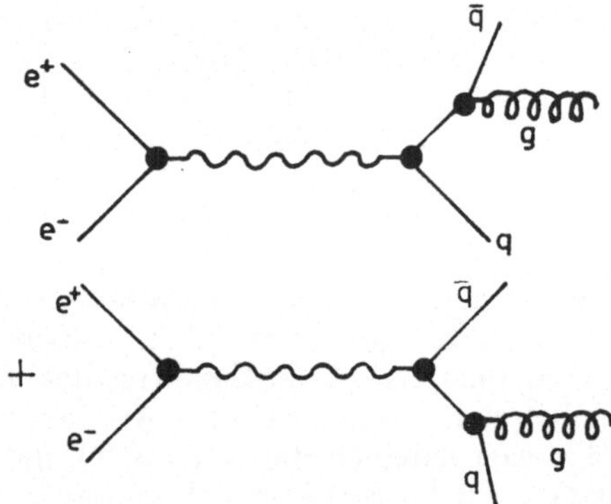

Diese Gluon-Bremsstrahlung der Quarks führt zu einem Anwachsen der Transversalimpulse der Hadronen bezüglich der Jet-Achse eines der Jets mit wachsender Energie im Schwerpunktsystem. Das heißt, einer der beiden Jets zeigt eine deutliche Verbreiterung gegenüber dem anderen schmalen Jet. Ist die Energie des emittierten Gluon groß genug, so sollte man in einigen Fällen eine 3-Jet-Struktur beobachten.

Beide Effekte wurden in unabhängigen Experimenten am PETRA-Speicherring in Hamburg gefunden. Sie stimmen in der Größe mit den entsprechenden QCD-Vorhersagen für den Prozeß $e^+e^- \rightarrow q\bar{q}g$ überein.

6.2. Das τ-Lepton

Im Weinberg-Salam-Modell treten die vier Leptonen bzw. die vier Quarks als linkshändig polarisierte Isospin-Dubletts und als rechtshändig polarisierte Isospin-Singuletts auf:

$$\begin{pmatrix} \nu_e \\ e \end{pmatrix}_L ; \quad \begin{pmatrix} \nu_\mu \\ \mu \end{pmatrix}_L ; \quad (\nu_e)_R ; \quad (e)_R ; \quad (\nu_\mu)_R ; \quad (\mu)_R$$

$$\begin{pmatrix} u \\ d' \end{pmatrix}_L ; \quad \begin{pmatrix} c \\ s' \end{pmatrix}_L ; \quad (u)_R ; \quad (d')_R ; \quad (c)_R ; \quad (s')_R .$$

Diese Symmetrie wird durch die sehr wahrscheinliche Entdeckung eines neuen b-Quarks gestört. Es erhebt sich die Frage nach der Existenz eines weiteren Leptons τ, das mit seinem zugehörigen Neutrino ν_τ ein drittes Leptonenpaar eigener Leptonenzahl L_τ bildet (sequentielles schweres Lepton).

Die Geschichte des τ-Leptons begann im Jahre 1975 in Stanford mit der Beobachtung von 24 Ereignissen des Typs

$$e^+e^- \rightarrow e^\pm \mu^\mp + X^0, \tag{6.9}$$

wobei durch X^0 alle im Detektor nicht nachweisbaren geladenen oder neutralen Teilchen bezeichnet werden. Diese Ereignisse ließen sich nicht durch bekannte Prozesse erklären. Aus der Vermutung der Existenz eines neuen Leptons wurde durch die nachfolgenden Experimente an den Speicherringen in Hamburg und Stanford die Gewißheit, daß im Prozeß

$$e^+ + e^- \to \tau^+ + \tau^- \tag{6.10}$$

ein neues schweres Lepton entsteht, das nachfolgend rein leptonisch oder semihadronisch zerfällt.

Der totale Wirkungsquerschnitt dieses Prozesses läßt sich in der QED berechnen. Für die Erzeugung eines Paares punktförmiger τ-Leptonen mit dem Spin 1/2 erhält man

$$\left.\begin{aligned} \sigma(e^+e^- \to \tau^+\tau^-) &= \sigma(e^+e^- \to \mu^+\mu^-) \left[\frac{3\beta - \beta^3}{2}\right] \\[2mm] \text{mit } \beta &= \left[1 - \frac{4m_\tau^2}{s}\right]^{1/2} \\[2mm] \text{und } \quad \sigma(e^+e^- \to \mu^+\mu^-) &= \frac{4\pi}{3}\frac{\alpha^2}{s}. \end{aligned}\right\} \tag{6.11}$$

Der totale Wirkungsquerschnitt steigt oberhalb der Schwelle $(s^{1/2} = 2m_\tau)$ steil an und nähert sich asymptotisch dem Querschnitt $\sigma(e^+e^- \to \mu^+\mu^-)$. Die Messung des Querschnitts erfolgt häufig durch die Ermittlung des Verhältnisses

$$R = \frac{\sigma(e^+e^- \to \tau^+\tau^-)}{\sigma(e^+e^- \to \mu^+\mu^-)}. \tag{6.12}$$

Als Beispiel ist in Abb. 32 das Resultat eines in Stanford durchgeführten Experiments zur Bestimmung von R gezeigt. Untersucht wurde die Reaktion

$$e^+ + e^- \to e^\pm + X^\mp, \quad X^\mp \neq e^\mp. \tag{6.13}$$

Aus der Schwellenenergie ergibt sich für die Masse des τ-Leptons $m_\tau = 1782 \, {}^{+3}_{-7} \, \text{MeV}/c^2$.

In Abb. 32 ist das erwartete Querschnittsverhalten für verschiedene Spins des τ-Leptons eingetragen. Lediglich durch die Zuordnung des Spins 1/2 wird das Quer-

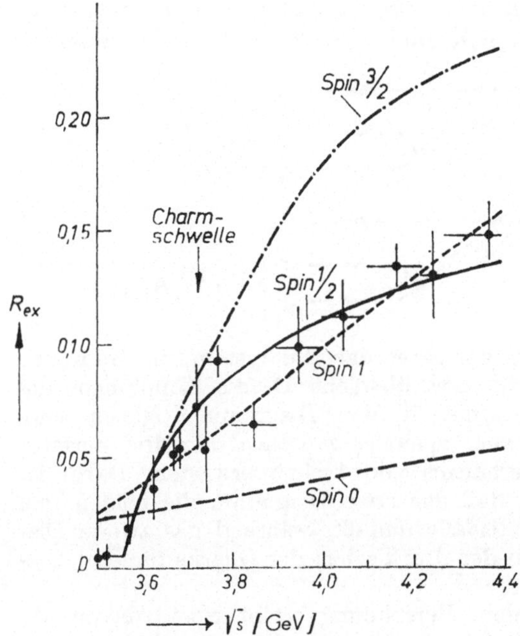

Abb. 32. Das Verhältnis $R = \sigma(e^+e^- \to e^{\pm}X^{\mp};\; X \neq e^-)/\sigma(e^+e^- \to \mu^+\mu^-)$ als Funktion der Gesamtenergie $\sqrt{s}$. Die Messungen wurden in Stanford mit dem DELCO-Detektor durchgeführt.

schnittsverhalten richtig beschrieben. Dieses Resultat wird durch weitere Experimente bestätigt.

Für ein sequentielles schweres Lepton τ, das wie die anderen Leptonen eine $(V-A)$-Struktur der Kopplung an ein masseloses Neutrino ν_τ besitzt, nimmt der leptonische schwache Strom die Form an (siehe (5.31))

$$j_\mu^- = \psi_e \gamma_\mu (1 - \gamma_5) \psi_{\nu_e} + \bar{\psi}_\mu \gamma_\mu (1 - \gamma_5) \psi_{\nu_\mu}$$
$$+ \bar{\psi}_\tau \gamma_\mu (1 - \gamma_5) \psi_{\nu_\tau}. \tag{6.14}$$

Wegen der großen Masse des τ müssen neben den rein leptonischen Zerfällen auch semihadronische Zerfälle auftreten. Wir haben also die Zerfälle $\tau^- \to e^- + \bar{\nu}_e + \nu_\tau$; $\tau^- \to \mu^- + \bar{\nu}_\mu + \nu_\tau$ und $\tau^- \to d\bar{u} + \nu_\tau$, wobei das d$\bar{u}$-

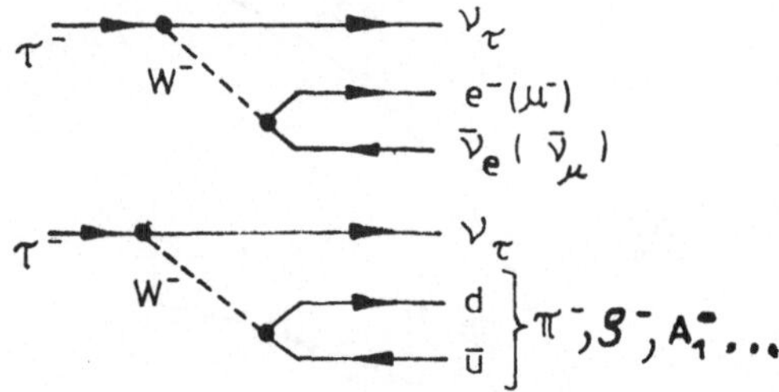

System (oder korrekter das d'ū-System) in Hadronen wie π^-, ϱ^-, A_1^- usw. übergeht. Da die Kopplungen des schwachen Stromes in den Diagrammen gleich sind, sollte man näherungsweise zwischen den drei Zerfallsarten ein Verhältnis von $1:1:3$ erwarten. Dabei ist zu beachten, daß das erste Diagramm die beiden rein leptonischen Zerfälle umfaßt, während das zweite Diagramm wegen der drei Farben der Quarks für drei Diagramme steht.

Eine genauere Berechnung ergibt etwas davon abweichende Zerfallsverhältnisse. Die experimentell ermittelten Verzweigungsverhältnisse des τ-Zerfalls befinden sich mit den theoretischen Erwartungen des Standardmodells in guter Übereinstimmung. In Tabelle 6.1 sind einige für ein sequentielles τ-Lepton ($m_\tau \approx 1{,}8\,\mathrm{GeV}/c^2$) vorausgesagten Verzweigungsverhältnisse mit den entsprechenden Meßwerten verglichen.

Ein oberer Grenzwert der Masse des ν_τ läßt sich aus dem Impulsspektrum der geladenen Leptonen des τ-Zerfalls bestimmen. Der kleinste bisher gemessene Grenzwert ist in Tabelle 6.1 gegeben.

Im Standard-Modell ergibt die Berechnung der mittleren Lebensdauer τ_τ des τ-Leptons

$$\tau_\tau = B(\tau^- \to e^- \nu_e \nu_\tau) \cdot \left(\frac{m_\mu}{m_\tau}\right)^5 \cdot \tau_\mu = 2{,}8 \cdot 10^{-13}\,\mathrm{s} \qquad (6.15)$$

Tabelle 6.1

Parameter	Theorie	Experiment
Masse m_τ	—	$1782 \, {}^{+2}_{-7}$ MeV/c^2
Masse $m_{\nu\tau}$	0	< 250 MeV/c^2
Spin	1/2	1/2
Lebensdauer τ_τ	$2{,}8 \cdot 10^{-13}$ s	$< 23 \cdot 10^{-13}$ s
$B_e(\tau^- \to e^- \bar{\nu}_e \nu_\tau)$	$16{,}8\%$	
		$16{,}7 \pm 1{,}0\%$
$B_\mu(\tau^- \to \mu^- \bar{\nu}_\mu \nu_\tau)$	$16{,}4\%$	
B_μ/B_e	0,98	$0{,}99 \pm 0{,}20$
$B(\tau^- \to \pi^- \nu_\tau)$	$9{,}5\%$	$8{,}3 \pm 1{,}4\%$
$B(\tau^- \to \rho^- \nu_\tau)$	$25{,}3\%$	$24 \pm 9\%$
$B(\tau^- \to A_1^- \nu_\tau)$	$8{,}1\%$	$10{,}4 \pm 2{,}4\%$

$(B(\tau^- \to \cdots) =$ Verzweigungsverhältnis). Der bisher gemessene obere Grenzwert τ_τ ist ebenfalls in Tabelle 6.1 gegeben.

Die in Tabelle 6.1 zusammengefaßten Daten zeigen eine gute Übereinstimmung zwischen dem Experiment und dem Standard-Modell eines sequentiellen Leptons τ, das an den konventionellen schwachen Strom, wie in (6.14) angenommen, mit seinem zugehörigen Neutrino ν_τ koppelt.

7. Die Lepton-Hadron-Streuung

In den vorhergehenden Kapiteln haben wir einige bedeutende Experimente kennengelernt, in denen die Physiker Leptonenstrahlen als Projektile verwenden: Im Jahre 1962 wurde im ersten Neutrinoexperiment an einem Beschleuniger nachgewiesen, daß das Muon-Neutrino ν_μ und das Elektron-Neutrino ν_e verschiedene Teilchen sind; 1973 wurde der schwache neutrale Strom entdeckt und in den letzten Jahren gelang in $e^+ e^-$-Annihilationen der Nachweis der Charmonium-Zustände, von separierbaren Bündeln (Jet-Strukturen) der erzeugten Hadronen, die Entdeckung des τ-Leptons und überzeugende Hinweise auf die Gluonemission durch Bremsstrahlung.

Ende der sechziger Jahre begann am Elektronenbeschleuniger in Stanford eine Serie von Experimenten zum Studium der tiefinelastischen Streuung von Elektronen an Nukleonen. Dabei handelt es sich um hochenergetische Stoßprozesse $e + N \rightarrow e + $ Hadronen, in denen das Elektron nach dem Stoß unter einem großen Streuwinkel ausläuft und die im Endzustand auftretenden Hadronen im einzelnen nicht vermessen werden (inklusive Reaktionen).

Ein Ziel des Studiums der bei hohen Energien ablaufenden Lepton (e, μ, ν)-Hadron-Streuung besteht in der Aufklärung der Struktur der Hadronen. Leptonen wechselwirken nur schwach oder elektromagnetisch mit den Nukleonen. Sie können daher ungehindert durch starke Wechselwirkung tief in das Innere der Hadronen eindringen und Informationen über deren Struktur liefern. Diese besondere Eignung der Leptonen als Sonde ist vor allem dadurch bedingt, daß sie selbst sich in den uns bisher zugänglichen Raum-Zeit-Strukturen als unstrukturierte punktförmige Objekte erwiesen. Das gilt für die Hadronen keineswegs, denn gerade aus Experimenten zur tiefinelastischen Wechselwirkung konnte der Schluß gezogen werden, daß Hadronen aus Partonen bestehen. Partonen erwiesen sich als punktförmige Fermionen mit dem Spin 1/2 und den inneren Quantenzahlen der Quarks. Neben den Quarks treten im Nukleon noch masselose neutrale Gluonen mit dem Spin 1 auf. Gegenwärtig konzentrieren sich die Untersuchungen auf Teste von Vorhersagen der QCD für den Grenzfall der asymptotischen Freiheit.

Die inelastische Streuung der geladenen Leptonen erfolgt über die elektromagnetische und schwache Wechselwirkung und die der Neutrinos über die schwache Wechselwirkung allein. Da die meisten Untersuchungen der letzten Jahre an ν- bzw. $\bar{\nu}$-Reaktionen erfolgten, wird im folgenden die tiefinelastische ν, $\bar{\nu}$-Streuung an

Hadronen betrachtet. Ein weiterer wichtiger Bereich der experimentellen Neutrinophysik, den wir kurz betrachten wollen, sind die Untersuchungen der Struktur des schwachen neutralen Stromes.

7.1. *Die tiefinelastische Neutrino-Hadron-Streuung*

Wir betrachten die durch hochenergetische Neutrinos bzw. Antineutrinos verursachten inklusiven Reaktionen

$$\left.\begin{aligned} \nu_\mu + N &\to \mu^- + X \\ \bar\nu_\mu + N &\to \mu^+ + X, \end{aligned}\right\} \tag{7.1}$$

die durch die Kopplung zweier geladener schwacher Ströme zu beschreiben sind. Polarisationseffekte werden vernachlässigt.

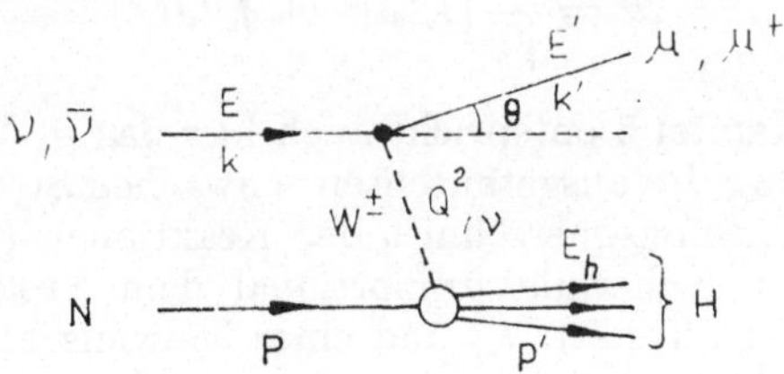

Das einfallende Lepton mit dem Viererimpuls k und der Energie E im Laborsystem wechselwirkt mit einem Nukleon der Masse M und dem Viererimpuls p. Im Endzustand tritt ein Lepton mit dem Viererimpuls k' und der Energie E' unter einem Streuwinkel θ im Laborsystem und ein Hadronensystem H mit dem Viererimpuls p' und der Energie E_h auf. Wir betrachten Vorgänge, für die $E \gg M$ ist. Damit lassen sich folgende Variable bilden:

$$\left.\begin{aligned} s &= (k+p)^2 \approx 2EM \\[2mm] Q^2 &\equiv -q^2 = -(k-k')^2 \approx 4EE' \sin^2 \frac{\theta}{2} \\[2mm] \nu &\equiv p \cdot q = M(E-E') \approx ME_h. \end{aligned}\right\} \tag{7.2}$$

An Stelle der beiden letzteren Variablen ist es auch üblich, die dimensionslosen Variablen zu verwenden:

$$\left.\begin{aligned} x &\equiv \frac{Q^2}{2\nu} \approx \frac{2EE'\sin^2\theta/2}{ME_h};\quad 0 \leq x \leq 1 \\[2ex] y &= \frac{\nu}{k\cdot p} \approx \frac{E_h}{E} = \text{Inelastizität } 0 \leq y \leq 1 \end{aligned}\right\} \tag{7.3}$$

Die inklusiven Prozesse, in denen unabhängig von der Polarisation der Leptonen oder der Konfiguration der Hadronen nur die Impulse der Leptonen bestimmt werden, lassen sich durch drei Variable beschreiben. Man verwendet üblicherweise E, Q^2, ν oder E, x, y.

Für Wechselwirkungen geladener schwacher Ströme läßt sich die Lagrange-Dichte schreiben

$$\mathscr{L} = \frac{G}{\sqrt{2}}\,[j_\mu^{+}J^{\mu-} + j_\mu^{-}J^{\mu+}] \tag{7.4}$$

Wie in Kapitel 5 entspricht auch hier das $\pm$-Vorzeichen der Ladung des ausgetauschten schwachen Stroms.

Der Wirkungsquerschnitt der Reaktionen (7.1) ist in niedrigster Näherung proportional dem Produkt eines leptonischen Tensors $t_{\mu\nu}$ und eines hadronischen Tensors $T_{\mu\nu}$, wobei

$$t_{\mu\nu} = \langle\overline{\psi}(k')|\,j_\mu^{\pm}\,|\psi(k)\rangle\,\langle\overline{\psi}(k')|\,j^{\nu\mp}\,|\psi(k)\rangle$$

sich mit der $V-A$-Form des schwachen geladenen Stroms j_μ (siehe (5.31)) direkt berechnen läßt:

$$t_{\mu\nu} = 8[k_\mu'k_\nu + k_\mu k_\nu' - g_{\mu\nu}kk' - i\varepsilon_{\mu\nu\varrho\sigma}k_\varrho'k_\sigma]. \tag{7.5}$$

$g_{\mu\nu}$ bezeichnet wieder den metrischen Tensor und $\varepsilon_{\mu\nu\varrho\sigma}$ den vollständig antisymmetrischen Einheitstensor.

Der hadronische Tensor

$$T_{\mu\nu} = \langle N|\,J_\mu^{\mp}\,|H\rangle\,\langle H|\,J^{\nu\pm}\,|N\rangle$$

ist, wenn wir keine Annahmen über die Struktur der Nukleonen machen, nur aus dem Experiment zu ermitteln.

Seine Form ist durch Erhaltungssätze eingeschränkt. Mittelt man mit Ausnahme der Viererimpulse p und p' über die dynamischen Variablen, die die Hadronenzustände N und H charakterisieren, so läßt sich $T_{\mu\nu}$ auf folgende lorentzinvariante Form bringen:

$$T'_{\mu\nu} = -g_{\mu\nu}W_1 + \frac{p_\mu p_\nu'}{M^2}\,W_2 - i\varepsilon_{\mu\nu\varrho\sigma}\frac{p_\varrho p_\sigma'}{2M^2}\,W_3 + \cdots. \tag{7.6}$$

Dabei sind die als Strukturfunktionen bezeichneten Koeffizienten W_i reelle Funktionen der Variablen Q^2 und ν.

Vernachlässigt man die Masse des Muons, so erhält man schließlich für den Wirkungsquerschnitt der Reaktionen (7.1)

$$\frac{\mathrm{d}^2\sigma^{\nu\bar\nu}}{\mathrm{d}Q^2\,\mathrm{d}\nu} = \frac{G^2E'}{2\pi ME}\left[2W_1\sin^2\frac{\theta}{2} + W_2\cos^2\frac{\theta}{2}\right.$$

$$\left.\pm\frac{E+E'}{M}\,W_3\sin^2\frac{\theta}{2}\right] \tag{7.7}$$

bzw. bei Verwendung der Variablen x und y

$$\frac{\mathrm{d}^2\sigma^{\nu\bar\nu}}{\mathrm{d}x\,\mathrm{d}y} = \frac{G^2ME}{\pi}\left[xy^2W_1 + \left(1 - y - \frac{Mxy}{2E}\right)\right.$$

$$\left.\times \nu W_2 \pm xy\left(1 - \frac{y}{2}\right)\nu W_3\right]. \tag{7.7a}$$

Dabei wurde angenommen, daß der schwache hadronische Strom ladungssymmetrisch ist. Für ein isoskalares Target, d. h. ein Target mit gleicher Protonen- und Neutronenzahl, ist dann $W_i^{\nu N} = W_i^{\bar\nu N} = W_i$. Im Grenzfall hoher Energien ($E \gg M$) kann der Term mit $Mxy/2E$ in (7.7a) vernachlässigt werden.[1]

---

[1] In inelastischen Streuprozessen geladener Leptonen an Nukleonen modifiziert sich Gl. (7.7) etwas. Da in elektromagnetischen Wechselwirkungen die Parität erhalten bleibt, reduziert sich die Klammer auf die beiden Terme mit den Strukturfunktionen W_1 bzw. W_2, und G^2/π ist durch $8\pi\alpha^2/Q^4$ zu ersetzen.

Im Jahre 1969 wurde von J. D. BJORKEN die Scaling-Hypothese aufgestellt: Für Q^2, $\nu \to \infty$ mit x endlich sollen die Strukturfunktionen allein Funktionen von x sein, d. h.

$$\left.\begin{array}{l} W_1(Q^2, \nu) \ \to F_1(x) \\ W_{2,3}(Q^2, \nu) \to F_{2,3}(x) \end{array}\right\} \quad \text{für } Q^2, \nu \to \infty. \qquad (7.8)$$

Die ersten experimentellen Daten der Elektron-Nukleon- und später auch der Neutrino-Nukleon-Streuung bei kleinen Energien ($E < 10\,\text{GeV}$) schienen die Scaling-Hypothese zu bestätigen.

Im Scaling-Grenzfall reduziert sich (7.7a) auf

$$\frac{\mathrm{d}^2\sigma^{\nu\bar{\nu}}}{\mathrm{d}x\,\mathrm{d}y} = \frac{G^2 M E}{\pi}\left[xy^2 F_1(x) + (1 - y)\,F_2(x)\right.$$

$$\left. \pm\, y\left(1 - \frac{y}{2}\right) x F_3(x)\right]. \qquad (7.9)$$

Integration über x und y ergibt für den totalen Wirkungsquerschnitt

$$\sigma^{\nu\bar{\nu}} = \frac{G^2 M E}{\pi}\int\limits_0^1 F_2(x)\,\mathrm{d}x\left[\frac{1}{2} + \frac{1}{6}\,A \pm \frac{1}{3}\,B\right]$$

mit $\qquad\qquad\qquad\qquad\qquad\qquad\qquad\qquad\qquad (7.10)$

$$A = \frac{\int 2x F_1(x)\,\mathrm{d}x}{\int F_2(x)\,\mathrm{d}x}\,; \quad B = \frac{\int x F_3(x)\,\mathrm{d}x}{\int F_2(x)\,\mathrm{d}x},$$

Das Querschnittsverhalten der inelastischen Lepton-Nukleon-Streuung läßt sich durch die Annahme interpretieren, daß die Leptonen an quasifreien Partonen (Quarks) elastisch gestreut werden, deren Transversalimpulse klein gegenüber den longitudinalen Impulskomponenten sind. In diesem einfachen Quark-Parton-Modell ergibt sich der Wirkungsquerschnitt der tiefinelastischen Neutrino-Nukleon-Streuung (7.9) durch die inkohärente Summation der elastischen Einzelquerschnitte der hochenergetischen Lepton-Quark-Streuung.

$$\frac{\mathrm{d}^2\sigma}{\mathrm{d}x'\,\mathrm{d}y} = \sum_j f_j(x')\,\frac{\mathrm{d}\sigma_j}{\mathrm{d}y}. \qquad (7.11)$$

Darin ist die Verteilungsfunktion $f_j(x')$ die Wahrscheinlichkeit, daß der j-te Quark den Bruchteil x' des Nukleonenimpulses p hat. Daraus folgt $\int f_j(x')\,\mathrm{d}x' = N_j$, die Zahl der Quarks der Art j im Hadron.

Die Scalingvariable x ist gleich dem so definierten Impulsbruchteil x'. Dazu betrachten wir den Streuprozeß in einem Bezugssystem, in dem

$$p = \{P,\ 0,\ 0,\ P\}$$

$$q = \{0\ \ 0,\ 0,\ q\}$$

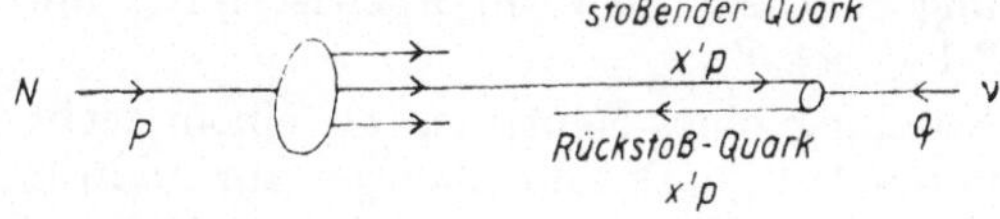

Also ist der übertragene Impuls $q = -2x'P$ bzw. $Q^2 = 4x'^2P^2$. Mit der Definition der Variablen $v \equiv p \cdot q$ erhält man $v = 2x'P^2$, und mit der Definition der Scalingvariablen $x \equiv Q^2/2v$ ergibt sich $x = x'$.

Man betrachtet das Nukleon als aufgebaut aus drei Valenzquarks — u- und d-Quarks — und einer unbegrenzten Zahl — einem See — von Quark-Antiquark-Paaren. Die Verteilungsfunktionen $f_j(x)$ der Quarks im Nukleon bezeichnet man durch $u(x)$, $d(x)$, $s(x)$ bzw. $\bar{u}(x)$, $\bar{d}(x)$, $\bar{s}(x)$. In dem bisher zugänglichen Energiebereich $E < 300\ \mathrm{GeV}$ vernachlässigen wir Beiträge von $c(\bar{c})$- und $b(\bar{b})$-Seequarks. Wird für die Seequarks $SU(3)$-Symmetrie gefordert, so ist $\bar{u}(x) = \bar{d}(x) = \bar{s}(x)$. Da im Nukleon s-Quarks nur im See auftreten können, ist

$s(x) = \bar{s}(x)$. Im Proton sind 2 Valenz-u-Quarks und ein Valenz-d-Quark, also

$$\left.\begin{aligned}
\int [u(x) - \bar{u}(x)]\, \mathrm{d}x &= 2 \\
\int [d(x) - \bar{d}(x)]\, \mathrm{d}x &= 1 \\
\int [s(x) - \bar{s}(x)]\, \mathrm{d}x &= 0.
\end{aligned}\right\} \qquad (7.12)$$

Die Neutronen setzen sich aus (ddu-)Valenzquarks zusammen. Daher sind in den ersten beiden Verteilungen in (7.12) $d(x)$ und $u(x)$ zu vertauschen.

Qualitativ läßt sich leicht abschätzen, welche y-Abhängigkeit der Streuung eines ν bzw. $\bar{\nu}$ an einem punktförmigen Quark mit dem Spin 1/2 zu erwarten ist. Das Neutrino und der Quark sind beide linkshändig polarisiert. Beim Stoß beider im Schwerpunktsystem ergibt sich daher als Gesamtspin $J = 0$, d. h., die Streuung ist isotrop. Im Schwerpunktsystem erwarten wir eine flache Verteilung in $\cos \theta'$ bzw. in y zwischen 0 und 1, da $y = 1/2(1 - \cos \theta')$.

Die Streuung eines Neutrinos an einem rechtshändig polarisierten Antiquark führt dagegen zur Addition beider Spins, also $J = 1$. Eine Streuung um $\theta' = 180^0$ im Schwerpunktsystem ist daher nicht möglich, da das zu einem Umklappen der z-Komponente des Gesamtspins von $J_3 = -1$ auf $J_3 = +1$ führen müßte. Der Wirkungsquerschnitt der $\bar{q}$-Streuung verschwindet daher für $\theta' = 180^0$ bzw. $y = 1$. Der Wirkungsquerschnitt für $\theta' = 0$ bzw. $y = 0$ stimmt mit dem der νq-Streuung überein.

Bei der Streuung eines Antineutrinos an einem Quark bzw. Antiquark vertauschen sich die y-Abhängigkeiten.

Mit dem in Gl. (5.41) gegebenen schwachen geladenen Quarkstrom läßt sich direkt der hadronische Tensor und damit die Wirkungsquerschnitte der ν, $\bar{\nu}$-Hadronstreuung im einfachen Quark-Parton-Modell berechnen. Man erhält für die Streuung am isoskalaren Target

$$\frac{\mathrm{d}^2\sigma^\nu}{\mathrm{d}x\,\mathrm{d}y} = \frac{G^2ME}{\pi}\left[q(x) + (1-y)^2\,\bar{q}(x)\right]$$

$$\frac{\mathrm{d}^2\sigma^{\bar{\nu}}}{\mathrm{d}x\,\mathrm{d}y} = \frac{G^2ME}{\pi}\left[\bar{q}(x) + (1-y)^2\,q(x)\right] \qquad (7.13)$$

mit
$$q(x) = [u(x) + d(x)]\,x$$
$$\bar{q}(x) = [u(x) + \bar{d}(x)]\,x.$$

(Die Streuung an den s(s̄)-Seequarks wurde vernachlässigt.) Die Form der y-Abhängigkeit ergibt sich in Übereinstimmung mit den qualitativen Überlegungen als Summe einer flach verlaufenden Komponente und einer mit $(1-y)^2$ abfallenden Komponente für $y \to 1$.

Durch Vergleich der Wirkungsquerschnitte des Quark-Parton-Modells (7.13) mit den Wirkungsquerschnitten (7.9) im Scalinglimes erkennt man folgende Zusammenhänge zwischen den Quark-Verteilungsfunktionen und den Strukturfunktionen

$$F_2(x) = q(x) + \bar{q}(x)$$
$$F_2(x) = 2F_1(x)\ \text{(Callan-Gross-Beziehung)} \qquad (7.14)$$
$$xF_3(x) = q(x) - \bar{q}(x)$$

Damit erhält man für die in (7.10) definierten Parameter des totalen Wirkungsquerschnitts

$$B = \frac{\int xF_3(x)\,\mathrm{d}x}{\int F_2(x)\,\mathrm{d}x} = \frac{\int [q(x) - \bar{q}(x)]\,\mathrm{d}x}{\int [q(x) + \bar{q}(x)]\,\mathrm{d}x}$$

$$= \frac{Q - \bar{Q}}{Q + \bar{Q}}. \qquad (7.15)$$

Also ist der relative Anteil α des Impulses, den die See-Antiquarks im Nukleon haben,

$$\alpha = \frac{\bar{Q}}{Q + \bar{Q}} = \frac{1 - B}{2}. \qquad (7.16)$$

Bei der Gültigkeit der Callan-Gross-Beziehung (7.14)
für Quarks mit Spin 1/2 muß

$$A = \frac{\int 2xF_1(x)\,\mathrm{d}x}{\int F_2(x)\,\mathrm{d}x} = \frac{Q + \bar{Q}}{Q + \bar{Q}} = 1 \qquad (7.17)$$

sein. Setzt man A und B in (7.10) ein, so ergibt sich für
das Verhältnis der beiden totalen Wirkungsquerschnitte

$$R \equiv \frac{\sigma^{\bar{\nu}}}{\sigma^{\nu}} = \frac{\frac{1}{3}\,Q + \bar{Q}}{Q - \frac{1}{3}\,\bar{Q}}. \qquad (7.18)$$

Würde man die Beiträge der Antiquarks aus dem See
vernachlässigen, so müßte man $B = 1$ und $R = 1/3$
erwarten.

Für die Anzahl N_q der Valenzquarks im Nukleon sollte
sich $N_q = \int F_3(x)\,\mathrm{d}x = 3$ ergeben.

Das betrachtete Standardmodell der lokalen Strom-
Strom-Wechselwirkung sagt ein lineares Ansteigen der
totalen Wirkungsquerschnitte der Neutrino-Nukleon-
Streuung mit der Neutrino-Energie E voraus. Eine
Abweichung von der Linearität sollte man erst bei sehr
hohen, bisher nicht erreichten Energien erwarten, da erst
für $Q^2 \approx M_w{}^2$ der Propagatorterm des $W^{\pm}$-Austauschs
merklich von Eins verschieden wird. Andererseits wird
auch durch die Scalinghypothese das lineare Anwachsen
der totalen Wirkungsquerschnitte der ν, $\bar{\nu}$-Nukleon-
streuung vorausgesagt (siehe (7.10)).

In Abb. 33 sind die Messungen der Verhältnisse $\sigma^{\nu\bar{\nu}}/E$
verschiedener Experimente der letzten Jahre gezeigt.
Die durch volle Kreise markierten Werte, die die kleinsten
Fehler zeigen, wurden mit dem in Abb. 9 gezeigten Neu-
trinodetektor des CDHS-Experiments im CERN erhalten.
Beide Verhältnisse, σ^{ν}/E und $\sigma^{\bar{\nu}}/E$, sind in guter Übereinstimmung mit den Erwartungen konstant über den

bisher untersuchten Energiebereich. Unterhalb $E \approx 30\,\mathrm{GeV}$ deutet sich bei σ^ν/E ein Ansteigen des Verhältnisses an.

Für das Verhältnis R ergab in Übereinstimmung mit anderen Messungen das CDHS-Experiment $R = 0{,}48 \pm 0{,}02$ für $20 < E < 200$ GeV, während für kleine Energien unterhalb 20 GeV $R = 0{,}40 \pm 0{,}02$ gemessen wurde. Das entspricht im Quark-Parton-Modell einem Anwachsen

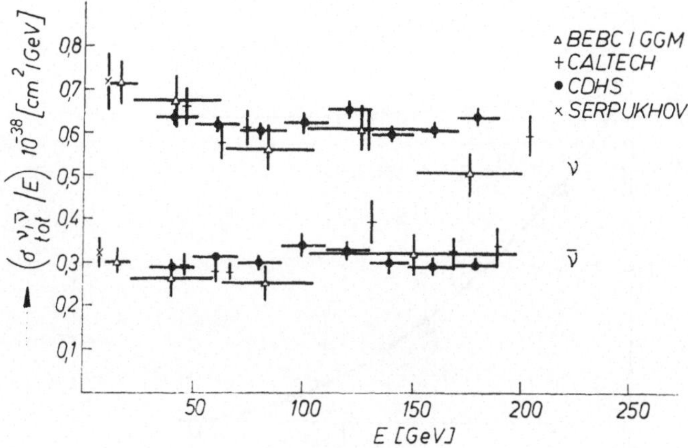

Abb. 33. Die Verhältnisse der Wirkungsquerschnitte σ^ν/E und $\sigma^{\bar\nu}/E$ als Funktion der Energie E der Leptonen im Laborsystem.

des kleinen Anteils der Seequarks im Stoßprozeß mit wachsender Energie E bzw. wachsendem übertragenen Viererimpuls Q^2.

Im gleichen Experiment wurde N_q zu $N_q = 3{,}2 \pm 0{,}5$ bestimmt und die Callan-Gross-Beziehung mit $|1 - A| \leq 0{,}05$ für $Q^2 > 10\,(\mathrm{GeV}/c)^2$, also mit einer Genauigkeit von etwa 5%, verifiziert, d. h., das Nukleon enthält in der Tat drei Valenzquarks, die jeweils den Spin 1/2 besitzen.

Der Parameter B in Gl. (7.15) wurde experimentell bei kleinen Energien zu $B = 0{,}86 \pm 0{,}04$ und bei hohen Energien zu $B = 0{,}70 \pm 0{,}09$ bestimmt. Entsprechend variiert der relative Impulsanteil der Antiquarks zwischen $\approx 7\%$ bei niederen und $\approx 17\%$ bei hohen Energien.

Eine unabhängige Messung des relativen Antiquark-anteils im Nukleon ergibt sich aus den differentiellen Wirkungsquerschnitten $d\sigma^{\nu,\bar{\nu}}/dy$. Nach Integration der

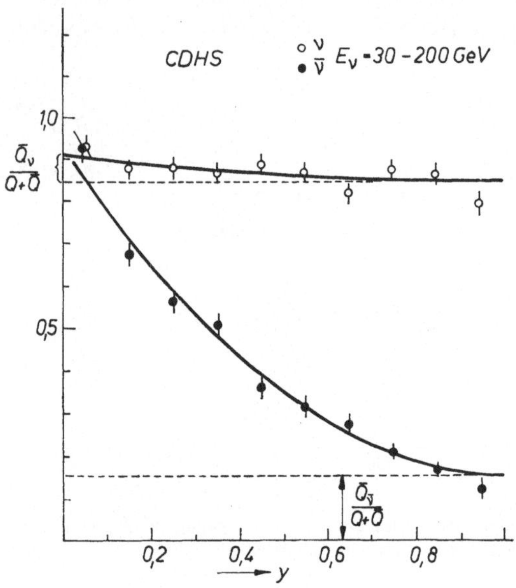

Abb. 34. Die differentiellen Wirkungsquerschnitte $d\sigma^{\nu,\bar{\nu}}/dy$ als Funktion von y. Die Verteilung für die Neutrinos läßt sich als Summe einer überwiegend flachen plus einer kleinen $(1-y)^2$-Beimischung darstellen bzw. die $\bar{\nu}$-Verteilung als Summe einer überwiegenden $(1-y)^2$-Verteilung mit einer kleinen flachen Beimischung (ausgezogene Kurven)

Gleichungen (7.13) über x erwarten wir, daß bei verschwindendem Antiquarkanteil $d\sigma^\nu/dy$ im wesentlichen flach verläuft, während $d\sigma^{\bar{\nu}}/dy$ die $(1-y)^2$-Abhängigkeit zeigen soll. Besonders empfindlich auf den Antiquark-anteil ist $d\sigma^{\bar{\nu}}/dy$ für $y \to 1$. Abb. 34 zeigt als Beispiel das Ergebnis der Bestimmung von $d\sigma^{\nu,\bar{\nu}}/dy$ im CDHS-

Experiment bei hohen Energien ($30 < E < 200\,\mathrm{GeV}$). Die Form der Verteilungen ändert sich kaum mit der Neutrinoenergie. In guter Übereinstimmung mit der Bestimmung von α aus dem totalen Wirkungsquerschnitt erhält man $\alpha = 0{,}15 \pm 0{,}02$.

Aus der y-Abhängigkeit der differentiellen Wirkungsquerschnitte in den Gleichungen (7.13) sieht man ferner, daß bei großen Werten der Inelastizität y die ν-Streuung vorwiegend an den Quarks und die $\bar\nu$-Streuung hauptsächlich an den Antiquarks erfolgt.

Die bisher benutzte Annahme der Ladungssymmetrie im Falle des isoskalaren Targets bedeutet, wie man aus den Gleichungen (7.9) sieht, daß im Grenzfalle $y = 0$

$$\frac{\mathrm{d}\sigma^\nu}{\mathrm{d}y}\bigg|_{y=0} = \frac{\mathrm{d}\sigma^{\bar\nu}}{\mathrm{d}y}\bigg|_{y=0}$$

ist, da nur $F_2(x)$ zum Querschnitt beiträgt. Im CDHS-Experiment erhielt man in guter Übereinstimmung mit anderen Experimenten $\dfrac{\mathrm{d}\sigma^{\bar\nu}}{\mathrm{d}y}\bigg|_{y=0} = (1{,}05 \pm 0{,}07)\,\dfrac{\mathrm{d}\sigma^\nu}{\mathrm{d}y}$.

Für den Beitrag der Quarks und Antiquarks zum Nukleonenimpuls ergaben die Messungen in verschiedenen Experimenten bzw. bei unterschiedlichen Energien

$$\int F_2(x)\,\mathrm{d}x = \int [q(x) + \bar q(x)]\,\mathrm{d}x \approx 0{,}5\,,$$

d. h., nur die Hälfte des Nukleonenimpulses läßt sich im Quark-Parton-Modell den Quarks zuordnen. Die andere Hälfte wird von anderen Bestandteilen des Nukleons, die wir mit den 8 Gluonen identifizieren können, getragen. Die Gluonen haben keine schwache Wechselwirkung mit den Neutrinos. Sie wechselwirken mit den Quarks bzw. untereinander. Typische Prozesse sind die bereits in Kapitel 6 betrachtete Gluonenemission durch Bremsstrahlung und die Erzeugung eines $q\bar q$-Paares durch ein Gluon:

Wie in Abschn. 5.4 erwähnt, führen die QCD-Rechnungen der tiefinelastischen Streuung zu einer effektiven Kopplungskonstanten α_s, die mit wachsender Energie immer schwächer wird. Die Variation von α_s mit dem übertragenen Viererimpuls (siehe (5.85)) führt zu einer logarithmischen Verletzung des Scalingverhaltens der Strukturfunktionen.

In Abb. 35 ist als Beispiel das Verhalten der Strukturfunktion $F_2(x, Q^2)$, wie es im CDHS-Experiment gemessen

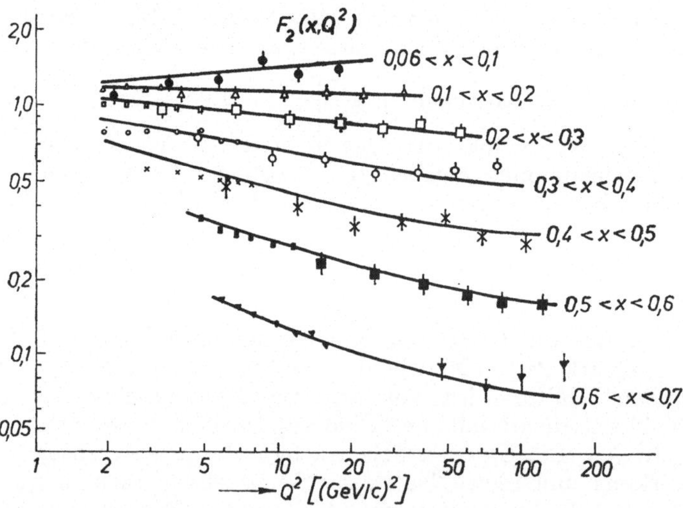

Abb. 35. Die Strukturfunktion $F_2(x, Q^2)$ als Funktion von Q^2 für verschiedene x-Intervalle. Die ausgezogenen Kurven entsprechen den Vorhersagen der QCD.

wurde, als Funktion von Q^2 in verschiedenen x-Intervallen gezeigt. Die Strukturfunktion F_2 wächst mit Q^2 für $x < 0{,}1$ und nimmt ab für $x > 0{,}2$. Dieses Verhalten entspricht aber den Voraussagen der QCD, die in Abb. 35 als ausgezogene Linien dargestellt sind.

Ein anderer Weg, um die Q^2-Abhängigkeit der Strukturfunktion zu demonstrieren, ist es, die Strukturfunktionen wie etwa F_2 (bzw. $\bar{q}$) als Funktion von x für verschiedene Intervalle von Q^2 bzw. von E aufzutragen. Integriert man die Gleichungen (7.13) über y, so erhalten wir $F_2(x)$

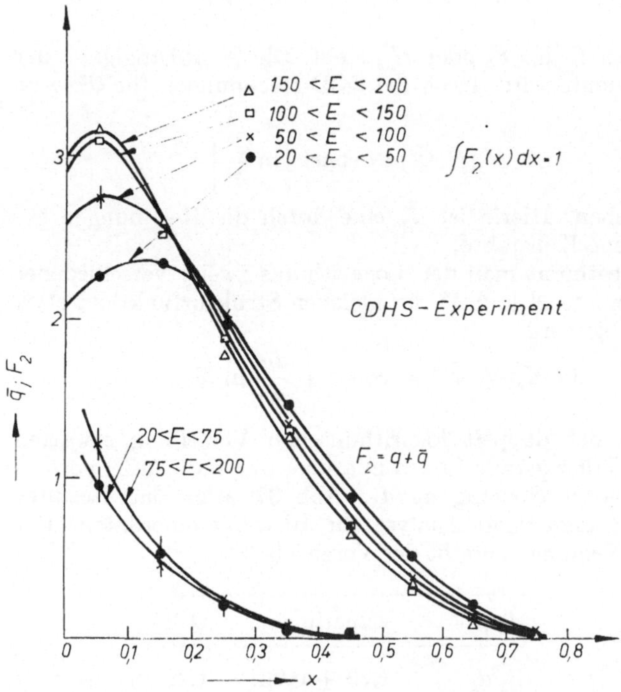

Abb. 36. Die Strukturfunktion $F_2(x, Q^2)$ und $\bar{q}(x, Q^2)$ als Funktion von x für verschiedene Intervalle des übertragenen Viererimpulses. Die ausgezogenen Kurven entsprechen den Vorhersagen der QCD.

aus der Summe $d\sigma^\nu/dx + d\sigma^{\bar\nu}/dx$ und $\bar{q}$ aus der Differenz $3d\sigma^\nu/dx - d\sigma^{\bar\nu}/dx$. In Abb. 36 sind die auf $\int F_2(x)\,dx = 1$ normierten Strukturfunktionen gezeigt. Die in Abb. 35 demonstrierte Q^2-Abhängigkeit stellt sich jetzt als Schrumpfung der Strukturfunktionen mit wachsender Energie dar.

Die QCD macht direkte Voraussagen für die N-ten Momente $M(N, Q^2)$ der Strukturfunktionen. Die Momente sind definiert durch

$$M_i(N, Q^2) = \int\limits_0^1 x^{(N-2)} F_i(x, Q^2)\,dx, \qquad (7.19)$$

wobei F_i für F_2 oder xF_3 steht. Die Q^2-Abhängigkeit der Momente wird durch die QCD-Rechnungen für $Q^2 \to \infty$ zu

$$M_i(N, Q^2) = \text{const} \left[\ln \frac{Q^2}{\Lambda^2}\right]^{-d_N}$$

gegeben. Hierin ist d_N eine durch die Rechnungen gegebene Konstante.

Bestimmt man den Logarithmus zweier verschiedener Momente N und N' der gleichen Strukturfunktion, etwa xF_3, so wird

$$\ln M_3(N', Q^2) = \text{const} + \frac{d_N{'}}{d_N} \ln M_3(N, Q^2).$$

In einer doppelt logarithmischen Verteilung erwarten wir daher gerade Linien mit einer durch die QCD vorhersagbaren Neigung $d_N{'}/d_N$. Abb. 37 zeigt das Resultat einer derartigen Analyse für Blasenkammerdaten. Für die Neigungen ergibt der Vergleich

$d_N{'}/d_N$	Experiment	QCD
d_6/d_4	$1,29 \pm 0,06$	$1,29$
d_5/d_3	$1,50 \pm 0,08$	$1,46$
d_7/d_3	$1,84 \pm 0,02$	$1,76$

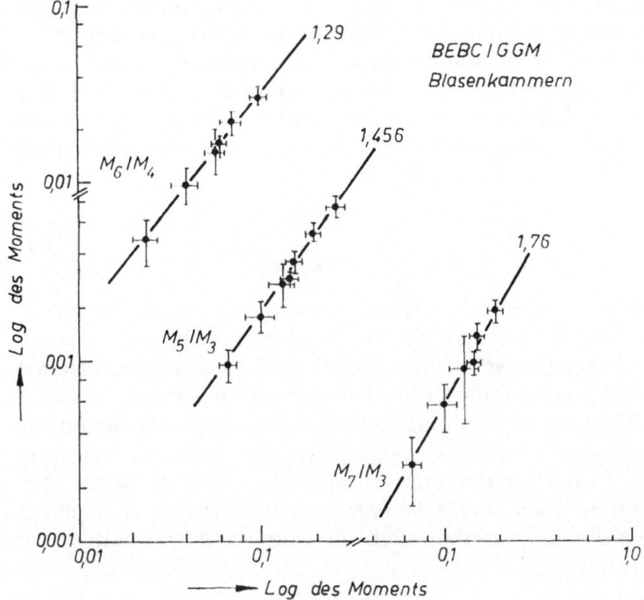

Abb. 37. Doppelt logarithmische Darstellung zweier verschiedener Momente der Strukturfunktion $x\,F_3(x,\,Q^2)$. Die ausgezogenen Geraden sind die Voraussagen der QCD.

d. h. eine gute Übereinstimmung, wobei die Gluonen als Vektorteilchen betrachtet wurden. Dieser Test ist unabhängig von der experimentell zu bestimmenden Konstanten Λ und der Zahl der Flavors N_f (siehe (5.85)).

7.2. Die neutrale schwache Wechselwirkung

Rein leptonische Reaktionen wie etwa die Prozesse

$$\left.\begin{aligned} \nu_\mu + e^- &\to \nu_\mu + e^- \\ \bar{\nu}_\mu + e^- &\to \bar{\nu}_\mu + e^- \end{aligned}\right\} \tag{7.20}$$

können nur über schwach wechselwirkende neutrale Ströme verlaufen. Die Struktur des schwachen neutralen Stromes, d. h. die raum-zeitliche Struktur (Vektor V bzw. Axialvektor A) und die Isospinstruktur ($I = 0$ oder $I = 1$), läßt sich aus rein leptonischen Prozessen leichter ermitteln als aus semileptonischen Reaktionen, wie etwa aus inklusiven neutralen Prozessen

$$\left.\begin{array}{l} \nu_\mu + \mathrm{N} \to \nu_\mu + \mathrm{Hadronen} \\ \bar{\nu}_\mu + \mathrm{N} \to \bar{\nu}_\mu + \mathrm{Hadronen} \end{array}\right\}, \qquad (7.21)$$

deren Interpretation Modellvorstellungen über die Struktur der Nukleonen erfordert. Wegen ihres sehr kleinen Wirkungsquerschnitts ($\approx 10^{-42}\,\mathrm{cm}^2$) sind die Reaktionen (7.20) jedoch außerordentlich schwer zu messen.

Nehmen wir an, daß der schwache neutrale Strom die übliche Vektor-Axialvektor-Form hat. Die einer maximalen Paritätsverletzung entspricht, ohne a priori Annahmen über die Größe (g_V, g_A) beider Anteile zu machen, so läßt sich für den neutralen Leptonenstrom allgemein schreiben:

$$\begin{aligned} j_\mu^0 &= \bar{\psi}_{\nu_\mathrm{e}}\gamma_\mu(1 - \gamma_5)\,\psi_{\nu_\mathrm{e}} + \bar{\psi}_{\nu_\mu}\gamma_\mu(1 - \gamma_5)\,\psi_{\nu_\mu} \\ &\quad + g_V[\bar{\psi}_\mathrm{e}\gamma_\mu\psi_\mathrm{e} + \bar{\psi}_\mu\gamma_\mu\psi_\mu] \\ &\quad + g_A[\bar{\psi}_\mathrm{e}\gamma_\mu\gamma_5\psi_\mathrm{e} + \bar{\psi}_\mu\gamma_\mu\gamma_5\psi_\mu]. \end{aligned} \qquad (7.22)$$

Die Lagrange-Dichte der Wechselwirkung ist durch

$$\mathscr{L} = \frac{G}{\sqrt{2}}\, j_\mu^0 j^{\mu 0}$$

gegeben, und für die differentiellen Wirkungsquerschnitte der Neutrino- bzw. Antineutrino-Streuung an Elektronen ergibt die Rechnung

$$\frac{\mathrm{d}\sigma^\nu}{\mathrm{d}y} = \frac{G^2 m_\mathrm{e} E}{\pi}\,[(g_V + g_A)^2 + (g_V - g_A)^2\,(1 - y)^2], \qquad (7.23)$$

$$\frac{\mathrm{d}\sigma^{\bar{\nu}}}{\mathrm{d}y} = \frac{G^2 m_\mathrm{e} E}{\pi}\,(g_V + g_A)^2\,(1 - y)^2 + (g_V - g_A)^2].$$

Dabei sind wie im Abschnitt 7.1 E die Energie des Neutrinos im Laborsystem ($E \gg m_e$) und $y = E_e/E$ die Inelastizität. Ein charakteristisches Merkmal der Reaktionen (7.20) ist der sehr kleine Winkel θ zwischen der Flugrichtung des Neutrinos und dem gestreuten Elektron.

In der Weinberg-Salam-Eichtheorie der schwachen und elektromagnetischen Wechselwirkung ist der neutrale Leptonenstrom eine Mischung aus der neutralen Isovektor-Komponente j_μ^3 des $V-A$-Stromes und dem elektromagnetischen Strom j_μ^{em}

mit

$$
\begin{aligned}
j_\mu^0 &= j_\mu^3 - \sin^2\theta_w \cdot j_\mu^{em} \\[2mm]
j_\mu^3 &= \frac{1}{2}\left[\overline{\psi}_{\nu_e}\gamma_\mu(1-\gamma_5)\psi_{\nu_e} + \psi_{\nu_\mu}\gamma_\mu(1-\gamma_5)\psi_{\nu_\mu}\right] \\
&\quad - \frac{1}{2}\left[\overline{\psi}_e\gamma_\mu(1-\gamma_5)\psi_e + \overline{\psi}_\mu\gamma_\mu(1-\gamma_5)\psi_\mu\right] \\[2mm]
j_\mu^{em} &= -(\overline{\psi}_e\gamma_\mu\psi_e + \overline{\psi}_\mu\gamma_\mu\psi_\mu).
\end{aligned}
\qquad (7.24)
$$

Der Mischungswinkel θ_w ist der einzige freie Parameter der Weinberg-Salam-Theorie (siehe auch (5.76)). Er bestimmt die Größe der beiden Kopplungskonstanten g_A und g_V:

Reaktion	Weinberg-Salam-Theorie	
	g_V	g_A
$\nu_\mu + e^- \rightarrow \nu_\mu + e^-$	$-\dfrac{1}{2} + 2\sin^2\theta_w$	$-\dfrac{1}{2}$
$\bar{\nu}_\mu + e^- \rightarrow \bar{\nu}_\mu + e^-$	$-\dfrac{1}{2} + 2\sin^2\theta_w$	$+\dfrac{1}{2}$

Sowohl mit Blasenkammern wie auch mit elektronischen Detektoren gelang bisher die Identifizierung von insgesamt etwa 50 Ereignissen $\nu_\mu e^- \rightarrow \nu_\mu e^-$ und von ca. 10 Ereignissen $\bar{\nu}_\mu e^- \rightarrow \bar{\nu}_\mu e^-$. Daraus ergeben sich für die Wirkungsquerschnitte $\sigma(\nu_\mu e^- \rightarrow \nu_\mu e^-) = E(1{,}45 \pm 0{,}26) \times 10^{-42}\ \text{cm}^2$ und $\sigma(\bar{\nu}_\mu e^- \rightarrow \bar{\nu}_\mu e^-) = E(1{,}3 \pm 1{,}0) \cdot 10^{-42}\ \text{cm}^2$

bzw. für den Weinberg-Winkel aus den Reaktionen: $\sin^2 \theta_w = 0,23 \pm 0,06$ und $\sin^2 \theta_w = 0,23 {}^{+0,09}_{-0,23}$. Die Daten sind in guter Übereinstimmung mit dem Weinberg-Salam-Modell. Das heißt, der neutrale Leptonenstrom hat keine reine $(V-A)$-Struktur und damit keine maximale Paritätsverletzung. Ursache dafür ist die durch (7.24) gegebene Mischung der I_3-Komponente eines Isospin-Tripletts der schwachen Wechselwirkung mit der elektromagnetischen Wechselwirkung.

Für die inklusiven Prozesse (7.21) der Wechselwirkung von Neutrinos bzw. Antineutrinos mit isoskalaren Targets gibt es mehrere voneinander unabhängige Experimente mit zum Teil sehr großen Ereigniszahlen, die bereits eine detailliertere Analyse der Struktur des neutralen Leptonenstroms gestatten.

Zur Interpretation der Messungen nehmen wir an, daß die Struktur der Nukleonen, wie in Abschnitt 7.1 gezeigt, durch das Quark-Parton-Modell eine adäquate Beschreibung erfährt. Vernachlässigen wir der Einfachheit halber den Anteil der s- und c-Quarks, so läßt sich allgemein folgender Ausdruck für die Lagrange-Dichte der neutralen Lepton-Quark-Wechselwirkung schreiben:

$$\mathscr{L}^0(\nu, \mathrm{q}) = \varrho \, \frac{G}{\sqrt{2}} \, \bar{\psi}_{\nu_\mu} \gamma_\mu (1 - \gamma_5) \, \psi_{\nu_\mu} \cdot$$

$$\times \, \{ \bar{\psi}_\mathrm{u} \gamma^\mu [u_L(1 - \gamma_5) + u_R(1 + \gamma_5)] \, \psi_\mathrm{u}$$

$$+ \, \bar{\psi}_\mathrm{d} \gamma^\mu [d_L(1 - \gamma_5) + d_R(1 + \gamma_5)] \, \psi_\mathrm{d} \} . \qquad (7.25)$$

Hierin ist der Faktor ϱ ein freier Parameter, der aus den experimentellen Daten zu bestimmen ist, und

$$\left.\begin{aligned}
u_L &= g^u{}_V + g^u{}_A; & u_R &= g^u{}_V - g^u{}_A \\
d_L &= g^d{}_V + g^d{}_A; & d_R &= g^d{}_V - g^d{}_A
\end{aligned}\right\} \qquad (7.26)$$

die Kopplungskonstanten des linkshändigen bzw. rechtshändigen Anteils der Kopplung an die u- und d-Quarks, ausgedrückt durch die Kopplungskonstanten g_A und g_V.

Für die Wirkungsquerschnitte der Neutrino-Nukleon-Streuung erhält man

$$\frac{\mathrm{d}^2\sigma^\nu}{\mathrm{d}x\,\mathrm{d}y} = \frac{G^2 M E}{2\pi}\,[A_L + A_R\,(1-y)^2]$$

$$\frac{\mathrm{d}^2\sigma^{\bar{\nu}}}{\mathrm{d}x\,\mathrm{d}y} = \frac{G^2 M E}{2\pi}\,[A_L(1-y)^2 + A_R] \tag{7.27}$$

mit

$$A_L = (u_L^2 + d_L^2)\,q(x) + (u_R^2 + d_R^2)\,\bar{q}(x)$$

$$A_R = (u_R^2 + d_R^2)\,q(x) + (u_L^2 + d_L^2)\,\bar{q}(x). \tag{7.28}$$

In den Gleichungen (7.24) und (5.76) sind die neutralen Leptonen- und Hadronenströme des Weinberg-Salam-Modells gegeben. Damit lassen sich die neutralen Kopplungskonstanten und der freie Parameter ϱ durch den Mischungswinkel θ_w ausdrücken:

$$u_L = \frac{1}{2} - \frac{2}{3}\sin^2\theta_w; \qquad u_R = -\frac{2}{3}\sin^2\theta_w$$

$$d_L = -\frac{1}{2} + \frac{1}{3}\sin^2\theta_w; \qquad d_R = \frac{1}{3}\sin^2\theta_w \tag{7.29}$$

$$\varrho = \frac{m_w^2}{m_z^2\cdot\cos^2\theta_w} = 1.$$

Die einfachsten experimentell bestimmbaren Größen sind die Verhältnisse der totalen Wirkungsquerschnitte der inklusiven Neutrinowechselwirkungen mit isoskalaren Targets:

$$R = \frac{\sigma(\nu \mathrm{N} \to \nu X)}{\sigma(\nu \mathrm{N} \to \mu^- X)}$$

$$\bar{R} = \frac{\sigma(\bar{\nu} \mathrm{N} \to \bar{\nu} X)}{\sigma(\bar{\nu} \mathrm{N} \to \mu^+ X)}. \tag{7.30}$$

Bezeichnen wir noch das Querschnittsverhalten der inklusiven Prozesse, die über geladene Ströme wechsel-

12*

wirken, mit $r = \sigma(\bar{\nu}N \to \mu^+X)/(\sigma(\nu N \to \mu^-X)$, so lassen sich folgende Beziehungen herleiten:

$$\left.\begin{array}{l} u_L{}^2 + d_L{}^2 = \dfrac{R - r^2\bar{R}}{1 - r^2} \\[2ex] u_R{}^2 + d_R{}^2 = \dfrac{\bar{R} - R}{r^{-1} - r} \\[2ex] (u_L{}^2 + d_L{}^2) - (u_R{}^2 + d_R{}^2) = \dfrac{R - r\bar{R}}{1 - r} \end{array}\right\} \quad (7.31)$$

Die letzte dieser drei Gleichungen erweist sich als unabhängig von den Annahmen des Quark-Parton-Modells. Andererseits wird durch das Weinberg-Salam-Modell dafür vorhergesagt

$$(u_L{}^2 + d_L{}^2) - (u_R{}^2 + d_R{}^2) = \frac{1}{2} - \sin^2\theta_w. \quad (7.31\,\mathrm{a})$$

Das bereits mehrfach erwähnte CDHS-Experiment hat gegenwärtig die größte Zahl vermessener Ereignisse der Reaktionen (7.1) und (7.21). Daraus erhält man in guter Übereinstimmung mit zahlreichen anderen Experimenten $R = 0,307 \pm 0,008$ und $\bar{R} = 0,373 \pm 0,025$. Mit der Beziehung (7.31 a) führt das zu einem Wert des Mischungswinkels von $\sin^2\theta_w = 0,228 \pm 0,018$.

Für die Quadratsummen der Kopplungskonstanten ergeben die Messungen

$$u_L{}^2 + d_L{}^2 = 0,298 \pm 0,008$$
$$u_R{}^2 + d_R{}^2 = 0,029 \pm 0,006,$$

d. h., die rechtshändige Kopplung der u- und d-Quarks ist zehnmal schwächer als die linkshändige Kopplung. Der kleine Wert von $u_R{}^2 + d_R{}^2$ schließt alle Modelle mit rechtshändig polarisierten u- oder d-Quark-Dubletts aus.

Vergleicht man diese Resultate mit den Vorhersagen des Weinberg-Salam-Modells in (7.29), so findet man eine sehr gute Übereinstimmung zwischen Theorie und Experiment mit den Parametern $\sin^2 \theta_w = 0{,}230 \pm 0{,}009$ und $\varrho = 1{,}01 \pm 0{,}03$.

Eine Separation der u- und d-Kopplungen erfordert zusätzliche Experimente wie etwa die getrennte Untersuchung der $\nu(\bar{\nu})$-Streuung an Protonen und Neutronen und die Untersuchung semiinklusiver bzw. exklusiver Reaktionskanäle. Alle bisher vorliegenden Messungen zeigen, daß der schwache neutrale Strom dominant ein Isovektor mit einer $(V - A)$-Struktur ist. Hinzu kommt, im Gegensatz zum geladenen Strom, noch ein kleiner isoskalarer Teil. Das entspricht den Vorhersagen des Weinberg-Salam-Modells über die Mischung der schwachen neutralen Wechselwirkung, der $I_3 = 0$-Komponente des Isospintripletts der Vektorbosonen, mit der isoskalaren elektromagnetischen Wechselwirkung.

Wenn auch bisher die große Zahl unterschiedlicher Experimente für die Richtigkeit der Weinberg-Salam-Variante einer gebrochenen nichtabelschen Eichtheorie der schwachen und elektromagnetischen Wechselwirkung spricht, der eigentliche Beweis der Theorie ist durch die Entdeckung der Vektorbosonen $W^{\pm}$, Z^0 und des Higgs-Mesons noch zu erbringen.

8.   Schlußbemerkungen

Der Fortschritt auf dem Gebiet der Elementarteilchenphysik vollzieht sich langsam. Es wird immer deutlicher, daß sich auf der fundamentalen Ebene unseres physikalischen Materieverständnisses die Symmetrie, die Existenz von Elementarkomponenten und ihre Dynamik einander auf komplizierte Art wechselseitig bedingen. Gerade das aber macht den Aufbau einer widerspruchsfreien einheitlichen Theorie so schwierig, wenn auch sehr hoffnungsvolle Anfänge dafür vorliegen.

Es wurde gezeigt, daß die Atomstruktur als System von Kern und Elektronen und auch die Kernstruktur als System von Protonen und Neutronen noch im Sinne eines Systems von Bausteinen beschrieben werden können. Die Symmetrien repräsentieren sich beim Atom und näherungsweise auch beim Kern als anschauliche räumliche Schalenstrukturen.

Prozesse, zu deren Beschreibung sich die Einführung der Quarks als notwendig erwies, werden beherrscht durch abstrakte, nicht mit der Raum-Zeit-Struktur verknüpfte Symmetrien wie beispielsweise die Isospin-Invarianz und die $SU(3)$-Symmetrie. Sie führen nicht mehr wie beim Atom und beim Kern zu augenfällig symmetrischen Raumstrukturen. Sie liefern abstrakte, nur mathematisch beschreibbare Strukturen, die wie beim Periodensystem der Elemente zur Systematisierung der in der Natur auftretenden Zustände in Teilchen-multipletts führen.

Der Zusammenhang zwischen diesen im erwähnten Sinne unanschaulichen Symmetrien und der Raum-Zeit ist unklar. Die Lösung dieser Frage ist aber außerordentlich wichtig, denn die Materie existiert in Raum und Zeit. Erfolgreiche Ansätze zur Behandlung dieses Problems wurden in den letzten Jahren dadurch erreicht, daß man die mit den abstrakten Symmetrien verknüpften Transformationen als orts-zeitabhängige Eichtransformationen auffaßt. Bei der Entwicklung der einheitlichen Theorie spielen diese so interpretierten Eichtransformationen eine wichtige Rolle.

In der renormierbaren Quantenelektrodynamik, die das elektromagnetische Feld mit den Feldern der Elektronen bzw. Muonen verknüpft, wobei die Felder den Regeln der speziellen Relativitätstheorie und der Quantenmechanik unterliegen, steht uns eine Eichfeld-Theorie zur Verfügung, die in beeindruckender Weise durch die Experimente bestätigt wird. Die QED gab uns darüber hinaus qualitativ neue Einsichten in die Natur des Vakuums. Wie wir sahen, läßt sich etwa die Wechselwirkung zwischen Elektronen durch den Austausch virtueller Feldquanten beschreiben. Die Emission, die

Bewegung und die Absorption des virtuellen γ-Quants ist mit einer zeitweiligen Verletzung von Energie- und Impulserhaltung verbunden. Die Verletzung wird durch die Heisenbergsche Unbestimmtheitsrelation erlaubt.

Nach der Entdeckung der elektromagnetischen Strahlung und der Atomstruktur der Materie betrachten wir das Vakuum als einen Zustand ohne reale Teilchen und Strahlung. In der Quantenfeldtheorie wird die Erzeugung und Vernichtung virtueller, also experimentell nicht direkt nachweisbarer Teilchen bestimmend für die Wechselwirkung. Das heißt, Vakuum-Fluktuationen sind Bestandteil der elektrischen Kraft. Das Vakuum hat eine verborgene komplizierte dynamische Struktur durch die Existenz der elektromagnetischen Wechselwirkung. Sie wird offenbar, wenn das Vakuum gestört wird.

Bereits die Fermische Theorie des β-Zerfalls als Strom-Strom-Wechselwirkung in Analogie zur elektromagnetischen Wechselwirkung enthielt die Möglichkeit, die schwache Wechselwirkung durch den Austausch adäquater Feldquanten mit $J^P = 1^-$ zu interpretieren. Aber das Photon mit den gleichen Quantenzahlen hat die Ruhemasse 0 und ist elektrisch neutral, während die Vektorbosonen $W^{\pm}$, Z^0 des schwachen Feldes wegen der kurzen Reichweite der schwachen Kraft schwer sind ($M_{W,Z^0} \approx 80$ GeV) und ein Isospin-Triplett bilden.

Der große Fortschritt im Verständnis der fundamentalen Kräfte der Natur gelang in den siebziger Jahren mit der einheitlichen Theorie der elektromagnetischen und schwachen Wechselwirkung. In dieser Theorie ist, wie wir gesehen haben, die Eichinvarianz derart gebrochen, daß vier verschiedene Feldquanten auftreten. Da drei dieser Quanten des einheitlichen Feldes offenbar eine sehr große Masse besitzen, erscheint der mit ihnen verknüpfte Teil der Wechselwirkung, eben die schwache Wechselwirkung, bei den gegenwärtigen niederen Energien als etwas von der elektromagnetischen Wechselwirkung seinem Wesen nach Verschiedenes. Bei extrem hohen Energien ($\gg 100$ GeV) sollte sich aber ihr einheitlicher Charakter augenfällig offenbaren. Hier sollten sich die Vektorbosonen nahezu wie masselose Teilchen verhalten und die schwache Kraft die gleiche Stärke besitzen wie die elektromagnetische Kraft. Die spontane Symmetriebrechung zeigt, daß eine Theorie eine innere Symmetrie besitzen kann, ohne daß die durch die Theorie beschriebenen Zustände diese Symmetrie zeigen. Die experimentelle Verifizierung der Weinberg-Salam-Theorie ist beeindruckend, wenn auch der experimentelle Nachweis der Vektorbosonen und des Higgs-Bosons noch aussteht.

Mit der Quantenchromodynamik haben wir zur Beschreibung der starken Wechselwirkung eine weitere Eichtheorie kennengelernt. Sie postuliert die Existenz von acht Farbladung tragenden masselosen Gluonen als Feldquanten. Die gute Übereinstimmung zwischen den störungstheoretischen Näherungen der QCD für näherungsweise asymptotisch freie Prozesse und den Experimenten der e^+e^--Annihilation bei hohen Energien bzw. der tiefinelastischen Lepton-Hadron-Streuung sind ermutigende Hinweise. Es ist denkbar, wenn auch unbewiesen, daß bei großen Abständen die Wechselwirkung zwischen den Quarks unendlich stark wird (Confinement), so daß sie als freie Teilchen nicht existieren können. Bemerkenswert ist die kürzlich erfolgte experimentelle Verifizierung der Gluonemission durch Bremsstrahlung.

Die Einsichten in die Mikrostruktur der Materie, zu denen wir im zurückliegenden Jahrzehnt gelangten, führten uns dazu, die Quarkpaare (u, d); (c, s) und $(t(?), b)$ bzw. die Leptonenpaare (ν_e, e); (ν_μ, μ) und (ν_τ, τ) — oder besser gesagt ihre Felder — als die eigentlichen Basisteilchen zu betrachten, deren Wechselwirkungen, die starke Wechselwirkung durch die Gluonen und die elektro-schwache Wechselwirkung durch die Vektorteilchen γ, $W^\pm$, Z^0 vermittelt werden.

Durch dieses Bild, so faszinierend es erscheint und obwohl kein Experiment ihm gegenwärtig widerspricht, ist kein Abschluß in der Erkenntnis der Mikrowelt erreicht.

Wir sprechen heute von den Quarks und Leptonen als

den Basisfermionen der Materie und finden Hinweise auf weiteres Wachsen ihrer Zahl. Wir beschreiben die schwachen Wechselwirkungen durch Feldquanten, die bisher nicht beobachtet werden konnten, da ihre hypothetischen Massen die Möglichkeiten der bestehenden Beschleuniger übersteigen.

Wir führen in die Theorien willkürliche Kopplungskonstanten ein, wie z. B. in die Quantenelektrodynamik den Zahlenwert der elektrischen Ladung, ausgedrückt durch die Feinstrukturkonstante α, und die Zahlenwerte der Massen der Leptonen, verstehen aber nicht, wie die beobachteten Werte dieser Größen zustande kommen.

Wir haben keine Theorie, die uns die Gründe angibt, warum das Nukleon etwa 2000 mal schwerer ist als das Elektron. Letztlich hängen alle chemischen Strukturen und das Leben von diesem Massenverhältnis ab. Wir erwarten, daß es auf bisher unbekannte Weise mit der starken Wechselwirkung verbunden ist.

Wir nutzen in großtechnischem Maßstab die Kernenergie, haben aber keine Theorie, die uns den Ursprung der Kernkraft zwischen den Nukleonen erklärt: Die Situation ist etwa vergleichbar mit der der chemischen Kraft vor der Entdeckung der inneren Struktur der Atome. Die Ableitung der chemischen Kraft als Konsequenz der Quantenstruktur der Atome gelang erst HEITLER und LONDON in den zwanziger Jahren dieses Jahrhunderts. Wir hoffen, daß sich die Kernkraft als Konsequenz der inneren Struktur der Nukleonen eines Tages beschreiben läßt.

Die Zahl der möglichen Quarkteilchen nimmt ebenso wie die der Leptonen weiter zu. Verlieren diese Objekte nicht wiederum trotz ihrer heute allgemein akzeptierten Ausdehnungslosigkeit an Wahrscheinlichkeit, Basisteilchen der Natur zu sein? Werden wir in einigen Jahren weitere tiefergehende Substrukturen auffinden und etwa eine Spektroskopie der Quarks selbst betreiben? Deutet etwa die „Punktförmigkeit" darauf hin, daß unterhalb der Quarkwelt unser Raum-Zeit-Konzept einer grundlegenden Korrektur bedarf?